生命思考丛书

生命的恩典

幸福与痛苦

胡伟希 著

图书在版编目(CIP)数据

生命的恩典:幸福与痛苦/胡伟希著.—北京:北京大学出版社,2012.5
(未名·生命思考丛书)
ISBN 978-7-301-20576-1

Ⅰ.①生… Ⅱ.①胡… Ⅲ.①幸福-通俗读物 Ⅳ.①B82-49

中国版本图书馆 CIP 数据核字(2012)第 083420 号

书　　　名:	生命的恩典:幸福与痛苦
著作责任者:	胡伟希　著
图片提供者:	李　行
责 任 编 辑:	李廷华
标 准 书 号:	ISBN 978-7-301-20576-1/B·1043
出 版 发 行:	北京大学出版社
地　　　址:	北京市海淀区成府路 205 号　100871
网　　　址:	http://www.pup.cn
电 子 邮 箱:	weidf02@sina.com
电　　　话:	邮购部 62752015　发行部 62750672　编辑部 62752824
	出版部 62754962
印 刷 者:	三河市博文印刷厂
经 销 者:	新华书店
	965mm×1300mm　16 开本　16.5 印张　207 千字
	2012 年 5 月第 1 版　2012 年 5 月第 1 次印刷
定　　　价:	35.00 元

未经许可,不得以任何方式复制或抄袭本书之部分或全部内容。
版权所有,侵权必究
举报电话:010-62752024　电子邮箱:fd@pup.pku.edu.cn

题 记

  假如你以为这是一本教人如何获致幸福的书,你便错了;假如你以为读这本书可以享受阅读的轻松和愉快,你更错了。这本书与其说是对幸福的描述,不如说是对幸福的反思与分析。读这本书如同对幸福的追求一样,当你去寻找幸福的时候,结果发现碰上了痛苦。

  然而,这并不妨碍我们去读这本书,正如知道幸福不可达,我们仍不放弃对幸福的追求一样。

目 录

第一章　幸福的形而上学问题　　　　　　　　　　1

　　第一节　幸福的追问　　　　　　　　　　　　1
　　第二节　幸福的形而上学　　　　　　　　　　17
　　第三节　审美与幸福　　　　　　　　　　　　24
　　第四节　幸福的沉沦、痛苦与崇高　　　　　　31

第二章　人是有待于完成的艺术品　　　　　　　　39

　　第一节　幸福与教养　　　　　　　　　　　　39
　　第二节　人格与审美　　　　　　　　　　　　45
　　第三节　幸福感之分类　　　　　　　　　　　53
　　第四节　完美幸福与"游戏的人"　　　　　　62

第三章　幸福的艺术　　　　　　　　　　　　　　72

　　第一节　幸福的范导性原理　　　　　　　　　72
　　第二节　幸福的生成　　　　　　　　　　　　100
　　第三节　幸福的种类　　　　　　　　　　　　155
　　第四节　幸福的体验　　　　　　　　　　　　169
　　第五节　幸福的价值　　　　　　　　　　　　197

第四章 痛苦与超越   208

   第一节 个体的生存性痛苦   208

   第二节 文明的进步及其限制   224

   第三节 痛苦的化解与超越   238

   第四节 结语:幸福的星空   250

第一章 幸福的形而上学问题

第一节 幸福的追问

一、宗教的先知预言

人是为幸福而生的。但是,迄今为止,人类对幸福的追逐却酿成了人类的苦难史:战争、瘟疫、饥馑、洪水,更有人与人之间的种种猜疑、欺诈与争斗……一句话,不是天灾人祸,就是权谋伎俩,总是伴随着数千年人类文明的潮起潮落。在历史的长河中,人类知识不断增长,各种技术发明层出不穷,然而,人类从此就追求到幸福了吗?否!人们发现:随着人类物质财富的不断增长和生活视野的日益拓宽,人类的幸福感不仅没有增加,反倒离希望的幸福生活愈来愈远。于是人们开始疑惑:幸福是否真正存在?或者,它不过像"海市蜃楼",是人类自我欺骗的一种主观幻相?

让我们由此开始思想的探索之旅吧:幸福啊幸福,你到底在哪里?

人类对幸福的最早、最深刻的思想探索,出现在古老宗教的先知预言里。

大约公元前5世纪,古印度的迦毗罗卫国有一位净饭王太子。这位太子生于深宫,从小过着优裕华贵的生活。太子长大成人以后,希望天下人都能过上和他一样美满的生活。但他外出巡游以后,竟发现所有人无逃于生、老、病、死的无穷挣扎之中,由此他得出了人生皆苦的结论。为了使人类摆脱痛苦而获得幸福,他创立了佛教。佛教认为:幸福不存在于世间的轮回之中;一个人只有排除世间的各种欲念,方能离开苦海,进入幸福的"涅槃"境地。在佛教看来,幸福与"世间法"是对立的;要获得幸福,就必须戒了人间烟火去修"出世间法"。

应当说,古老的东方佛教对幸福的理解包含着深刻的智慧。它认为执著于世间事物将无法摆脱痛苦,而幸福是对平凡的日常性生活的超越,因此,人要追求幸福,必须破除世间的种种"我执"与"法执",而去追求那精神性的超越之境。

自从佛教创立以来,世间不少人由于皈依佛门而获得了"佛法"中的幸福。可是,佛教承诺的幸福不在人间却在出世间,这不符合大多数向往人间幸福的"众生"的胃口。因此,除了少数佛门弟子通过佛法修行获得他们向往的幸福之外,现实生活中的"芸芸众生"还是希望在凡尘中来实现他们的幸福。

既然佛教承诺的幸福不在尘间而是出世间,那么,让我们将目光移向人类的另一种宗教——基督教。虽然基督教也像佛教那样认为幸福的乐土不在人间世而在彼岸世界,但它却希望在幸福的彼岸与人世之此岸之间架设起一座桥梁。为此,基督教预设了一位最高造物主——上帝,认为世间的一切,包括人,都是上帝创造的,而且人要服从上帝的旨意。天主教的上帝教导人要"禁欲"。这样的话,虽然幸福不在尘世间;但世间的种种禁欲活动,却成为进入天国享受幸福的通行证与奖励券。

基督教新教与天主教有很大不同:如果说天主教将个人的获得救赎归结为从事各种圣事活动的话,那么,宗教改革后的新教则将世俗生活的全部领域都纳入救赎的范围,从而大大拓宽了"圣事"的内容,这同时也拉近了世俗的经验幸福与天国的超验幸福的距离。由此,基督教的信徒们既可以在平日忙于世俗的种种事务与活动,包括享受人间生活的快乐,同时也可以在耶稣基督规定的"礼拜日"到教堂获得精神的洗礼,去体验那超验的幸福。

看来,基督教关于"两种幸福"的说法似乎可以同时满足人们对世俗幸福与超验幸福的追求,但是,尘世幸福的内容却具有不同于超验幸福的含义。这种尘世的经验幸福与"天国"的超验幸福的分离是否会导致内心的紧张与分裂?这是基督的信徒们在体验幸福时常常会遭遇的问题。

中国的儒家思想具有强烈的入世品格,因此其心目中的幸福是人间的幸福。不同于佛教与基督教将幸福寄托于来生或天国,儒学承诺在现世中就可以获得幸福。儒学对于人间幸福的内容有具体的界定,这就是要求人生在世,要尽"做人"的义务。对于儒家来说,一个人懂得了做人的道理,而且去身体力行,就会获得幸福。这里所谓做人,包括为人臣,为人父,为人夫,为人兄,为人子,等等。这也就是儒家所说的"三纲五常"。应当说,儒家对做人作了详尽的规定,而且强调践行的"功夫"。恪守儒家信条的个体,的确可以在这种儒学的修养与践行中体验到幸福。这种幸福与其说是肉体享受的快乐,不如说是精神意义上的幸福。

但是,儒家所说的"做人"还只是一种"社会人"或者社会角色的担当。对于恪守与践行儒家伦理的人来说,通过儒学的修行与实践可以获得幸福。然而,儒学的修行与实践未必人人能达,这种修行功夫的难度一点不亚于佛教提倡的修行;而且,儒家对于人间幸福的理解,有过于排斥感官

欢愉与物质享乐的一面,它有悖于普通人天生就有的追求感觉快乐的天性,因此,作为一种终极幸福观,它还是难以获得大多数普通民众的认同。

以上几种说法,都是从某种宗教教理出发对于幸福的理解。应当说,无论是佛教、基督教还是儒教,都试图为人类之实现幸福提供某种答案,这当中自有其真知灼见。这就是强调生活中的快乐未必就是幸福,幸福属于超出了单纯感官享受的人的精神性体验。不同的宗教都致力于予人幸福之方,强调幸福的追求是一种修行。以上种种宗教的先知预言中还包含这样的真理:人不能被动地等待幸福的降临,而应当积极主动地去争取幸福。

尽管古老的宗教中都有关于幸福的先知预言,但是,宗教神学的核心思想是"信"。也就是说,宗教的幸福观建立在信仰的前提之上,你只有信奉与皈依了宗教,你才可以体会到幸福。而且,不同的宗教对于何为幸福,彼此常常有着不同的理解与追求。这样看来,宗教的幸福体验取决于人的宗教信仰。宗教信仰不同,对于幸福的理解与体验也就不同。此外,宗教教义强调宗教实践对于幸福的重要。但是,宗教实践如何能够担保个体获得宗教的幸福?这个问题最终似乎还取决于信徒的宗教心理与宗教体验。这样看来,以上各种宗教教义虽然包含着关于幸福的深刻智慧,但对于普通人来说,要想通过这些宗教的修炼去获得幸福,其前提是还得先准备一张宗教信仰的入场券。或者说,所有的宗教教义都要将普通人的日常幸福与教徒们享有的宗教幸福区分开来。这样看来,宗教承诺的幸福也就不成其为能普遍于所有人的幸福。

既然如此,那么,让我们将目光离开宗教先知们的预言,去看看普通人在日常生活中所感受的幸福。

二、日常生活中幸福的含义

普通人对于幸福的看法是朴素且容易理解的。有人说,一个人假如一生享尽荣华富贵,那么,这个人可以说是活得幸福了。也有人不追求荣华富贵的人生,却追求生命的轰轰烈烈。对于这些人来说,假如树立了事业的目标,并且经过努力最终攀登上这事业的顶峰的话,那么,人的一生可以说是幸福的了。也有人既不羡慕富贵人生,也不追求事业的成功;在他们看来,只要一辈子过得安安稳稳,没有遭逢苦难,那么这种平庸但却太平的日子也就是幸福的全部内容了。此外,还有人设定了其他一些现实的生活目标,认为这些现实生活目标的实现就是幸福。当然,也有一些人并无具体的生活理想与目标;幸福于他们来说,就是在日常生活中享受快活;人假如一辈子过得快乐、潇洒,就意味着幸福。对于这部分人来说,人生的幸福是由生活中一连串短暂的快乐所组成;假如将生活中这一连串的快乐加以叠加的话,就实现了人生的幸福。

  以上这些关于幸福的理解来自于普通人的生活经验。的确,日常生活中,大多数人都是这样来理解幸福的,即幸福意味着生活中"愿望"的实现。但为什么愿望的实现就能够给人带来幸福?对此问题,人们未必会去深究。其实,这种来自于日常生活感受的对于幸福的理解,顶多是关于幸福为何物,或者幸福有何内容的经验描述,却不是关于幸福的定义。换言之,它们充其量说明了人们是如何看待幸福的,但关于幸福究竟是什么,并没有作出学理上的说明。这样的话,它们并非是关于幸福的理论。也就是说,这些来自于生活经验的答案尽管形形色色,它们却没有回答幸福究竟是什么这个问题。或许,我们可以根据以上关于幸福的种种理解,将幸福定义为"生活中的愿望得到满足"。但假如这样的话,对于幸福的理解不仅人解人殊,而且会带来一系列的理论难题:1. 幸福失去其公度性。在此人视之为幸福的,对于其他一些人来说,未必就是幸福。2. 幸福不具有恒常性。一个人的生活目标老变,对于幸福的理解与感受也就老变;在此一时视之为幸福的,到了彼一时未必再被视为幸福。3. 幸福缺乏整体性与包容性。人们之所以向往幸福,并不只认为它是对于生活中某些生活目标的实现,而且是希望它可以涵盖生活的所有方面与内容。人们不愿意将快乐完全等同于幸福,因为人们从常识上知道快乐是短暂的,而希望幸福是不仅包含各种快乐,而且这种幸福是长久的。

仔细分析一下这些关于幸福的见解,可以发现:对幸福的理解人解人殊,以至于这些日常生活中的幸福经验无法加以普遍化,问题在很大程度上是因为它们将幸福对象化了。所谓幸福的对象化,是指将幸福理解为生活中的某种或某些现成东西或事物,而获得了这些东西或事物也就得到了幸福。为了避免这种幸福的对象化解释,有人提出:幸福是指"幸福感"。换言之,幸福是人的一种主观心理感受与体验。这种对于幸福的理解或许可以避免上述将幸福对象化之后的某些困难,但问题并未由此而获得解决。因为一旦将幸福理解为一种个人性的主观心理感受或体验,我们发现:遭遇同样的事物或事情,不同的人会有不同的幸福体验。还有,假如说幸福完全是由个人的主观心理加以决定的话,那么,经由外部刺激获得的幸福感与纯粹由主观幻觉引起的兴奋感这两者如何作出区分?

看来,假如将幸福视之为幸福感的话,最终将会使幸福变得令人难以捉摸,其遇到的难题可能比将幸福作对象化理解来得更多。因为幸福假如有对象物,幸福的内容还可以通过对对象物的感知去达到;可是,假如幸福只是个体的主观体验的话,这种幸福感的内容到底如何测知?退一步说,即使这种个人的幸福心理体验可以转换为情绪性的心理能量而加以测度的话,那么,这种心理能量或情绪量表的测度,就可以与人的幸福感划上等号?显然并不!生活经验告诉我们:人的幸福感来源于与世界打交道的经验,人的世界经验不同,从外部世界中获得的幸福体验也就不同。因此,将幸福解释为幸福感无助于说明人从外部世界获得幸福这一客观事实。此外,用幸福感来取代幸福,将使幸福变得具有神秘性与偶然性。明明可以被大多数人所公认并追求的一些能给人以幸福感受的事物或事情,就会被其他的东西所任意取代;从而,所谓的幸福感也就无任何公度性可言。可见,将幸福归结为幸福感,不仅无助于去发现幸福感出现的原因,反倒有从根本上将幸福加以瓦解之危险。

那么,幸福究竟是什么?假如说宗教先知书中的幸福观念对我们似乎显得陌生,而我们又不愿意停留于普通人关于幸福的常识性见解的话,那么,就把这个问题交给哲学家们来思考吧。下面,让我们翻开历史,看看往昔的哲人们是如何理解幸福的。

三、哲学视野中的幸福

公元前5世纪前后,古希腊哲学进入它的黄金时期。当时,不少哲人都热衷于幸福问题的探讨。据说苏格拉底和青年柏拉图讨论幸福问题的时候,要求柏拉图到田野里去采摘一朵美丽的鲜花。柏拉图把鲜花采摘回来说:"当我穿越田野的时候,我看到了这朵美丽的花,我就摘下了它,并认定它是最美丽的;当我后来又看见很多其他美丽的花,我仍然相信我采摘的这朵花是最美丽的而不动摇,所以我把最美丽的花摘回来了。"苏格拉底听了以后,说"这,就是幸福"。苏格拉底关于幸福是什么的回答意味深长,也许它第一次道出了幸福的真谛,即追求幸福就是追求一种理想与信念。

循着苏格拉底的思路,柏拉图大大发挥了关于幸福是一种"理念"的见解。理念无法通过感觉经验获得,但却可以通过"学习"加以把握。对于柏拉图来说,所谓"学习"就是以"回忆"的方式去重新唤醒灵魂中的"先天知识"。按照柏拉图的理念论,作为理念的幸福与作为感觉经验的快乐是根本对立的:要获得作为理念的幸福,就必须摈弃肉体的快乐;反过来,若寻求肉体的快乐,就意味着放弃幸福。

作为柏拉图的弟子,亚里士多德一方面继承乃师视幸福为理想与范型的传统;但另一方面,这是最主要的,他又将幸福这种理想与来自于感觉经验的快乐结合起来。对于亚里士多德来说,作为理想的幸福虽然不等同于感觉经验的快乐,但幸福却不排斥而毋宁说需要补充以经验世界中的快乐方才完美。因此,亚里士多德主张,追求幸福与其说是一种摒弃感觉愉快的纯粹理性思辨的活动,不如说是一个如何将人的理性运用于现实生活中,并且将其与感性经验加以结合的问题。亚里士多德得出如下定义:"幸福就是合乎德性的现实活动。"[①]应当说,亚里士多德的幸福观念包含着两个维度:一方面,幸福不是某个具体事物,它具有理想性与超越性;另一方面,幸福作为理想与超越之物又不能与经验世界相分离。或者说,幸福是经验世界与超越世界这两者的统一。作为古典主义哲学之集大成,亚里士多德这一看法可谓抓住了幸福问题的重心,即幸福面对的是人类的经验幸福与理想幸福如何统一的问题。

可惜的是,自古希腊后期以后,哲学史上关于幸福问题的讨论"一波三折"。先是伊壁鸠鲁学派强调幸福仅存在于经验世界,并将幸福与快乐直接等同起来,主张"快乐是幸福生活的开始和目的。因为我们认为幸福生活是我们天生的最高的善,我们的一切取舍都从快乐出发;我们的最终目的乃是得到快乐"。[②] 反之,斯多亚学派则将幸福完全精神化,并将幸福与快乐截然对立起来,认为一个人只有摒弃感觉的享受之后,才配享有幸福。斯多亚学派这种强调幸福的精神性的观点对后来基督教神学的幸福观影响深远。可以说,整个中世纪的基督教神学观,不外是将斯多亚学派重视精神观念的幸福观与基督教的上帝观的结合而已。

总的说来,在如何看待幸福这个问题上,在希腊罗马时期,形成了两种不同的思想传统——重视精神幸福的观念论传统与提倡感性幸福的经验论传统。这两种思想传统在后来的思想史上都得以发扬光

---

① 亚里士多德:《尼各马科伦理学》,北京:中国人民大学出版社,2003年,第223页。
② 宋希仁:《西方伦理思想史》,北京:中国人民大学出版社,2004年,第87页。

大:斯宾诺莎、莱布尼茨、黑格尔、布拉德雷等是观念论之代表。这其中,黑格尔可谓集观念论哲学之大成。黑格尔的幸福观建立在他的"绝对理念"思想之上。绝对理念与柏拉图的理念一脉相承,是一个完满与具有普遍性的观念。但与柏拉图仅仅强调理念对经验世界的超越性不同,黑格尔的绝对理念又是一个有待于,或者说必待于在现实世界中实现的观念。因此,强调理想性与现实性的统一是绝对理念的根本含义。他说:"绝对理念,本来就是理论理念和实践理念的同一,两者每一个就其自身说,都还是片面的,理念在自身中把自己仅仅作为一个被寻求的彼岸和达不到的目标";而绝对理念"作为理性的概念,由于此概念的客观同一的直接性的缘故,一方面回到生命;但它又同时扬弃了它的直接性形式,而在自身中具有最高度的对立"。① 但黑格尔这种理念必得落实于现实才谓之完满理念的说法却包含着极大的思想风险。因为它可能意味着幸福的实现有必要诉诸于世间的强权。其实,黑格尔正是这样看待问题的。在他眼里,幸福不是其他,就是如何将个体融入国家意志和对国家义务的服从。他说:"国家是绝对自在自为的理性东西,因为它是实体性意志的现实……在这个自身目的中自由达到它的最高权利,正如这个最终目的的对单个人具有最高权利一样,成为国家成员是单个人的最高义务。"②

　　黑格尔这种将国家意志或集体意志等同于个人幸福的说法在近代以来影响甚大,并且渗入各色各样的社会运动之中。而且,愈是想加强国家权力控制,以及愈是想通过"运动"群众来攫取权力的社会集团,愈是鼓吹这种绝对理念的幸福理论。这种幸福理论的危险在于:它认为个人幸福是必得托付给某种超出个体自由的总体性意志才可以得以实现的,而且认为个人幸福就是将个体消融于这种总体意志之中。于是,我们看到近现代以来历史上出现的不止这样的一幕:有人

---

① 黑格尔:《逻辑学》,下册,北京:商务印书馆,1982 年,第 529 页。
② 黑格尔:《法哲学原理》,北京:商务印书馆,1982 年,第 253 页。

炮制了拯民出苦海,许诺以在人间实现美好天堂的神话,其结果却制造了社会的大动乱;而不少恐怖的战争乃至于种族大屠杀,也都假借了这种运用国家意志或集体意志来谋求人类幸福的美名。看来,作为"绝对精神"的幸福乌托邦,其对于人类福祉的危害丝毫不亚于幸福的虚无主义,因为它从根本上剥夺了人类争取幸福的个体自由意志与个体权利。

有鉴于此,近代以来,更多哲学家还是回到了经验主义的立场。假如说在希腊化与罗马时期,伊壁鸠鲁学派就曾将亚里士多德的幸福概念转变为一种在世俗生活中享受快乐的观念的话,那么,到了近代,功利主义者则在将幸福世俗化的道路上愈行愈远。因为伊壁鸠鲁学派虽然主张快乐即幸福,但他们所说的快乐是一种有节制的快乐,并且不排斥德性。而近代功利主义者站在经验主义立场上去思考幸福问题的时候,其幸福却是一个如何使快乐得以"最大化"的概念,并且抛弃了德性这自古以来就一直被哲学家们视之为幸福之内核的观点。从此以后,德性归德性,幸福归幸福,它们成了彼此完全不相干的两个概念。要知道,幸福一旦离开了德性的指引,在个体经验层面上,它就完全成为一个个体感觉快乐与否的问题。尽管对于功利主义者来说,所谓功利不仅仅是指个体的快乐,而是指社会上"最大多数人的最大幸福",但将幸福等同于个体生活的快乐,这却是功利主义者的一贯思路与主张。功利主义的创始人边沁说:"功利原则指的就是:当我们对任何一种行为予以赞成或不赞成的时候,我们是看该行为是增多还是减少了当事者的幸福。"[①]功利主义的另一员大将穆勒也这样界说功利主义的原则:"承认'功利'或'最大幸福原理'为各种道德生活的根本,这个信条主张:行为之正当,以其增进幸福的倾向为比例;行为之不正当,以其产生不幸福的倾向为比例。幸福,是指快乐和痛苦的免

[①] 周辅成编:《西方伦理学名著选辑》,下卷,北京:商务印书馆,1987年,第211页。

除;不幸福,是指痛苦和快乐的丧失。"①

四、功利主义幸福观批判

应当说,近代的功利主义者将幸福重新定义为个体幸福,而且认为社会幸福只能是个体幸福的叠加,这一思想对于近代以来人类争取社会平等以及社会文明的进步贡献甚大。因为正是通过这种可以落实到每个社会成员身上,并且能加以量化的快乐,最终才替一种具体的、行之有效的社会福利政策提供了理论依据。从此以后,幸福不再是少数人才能享有的专利,而与每位社会成员的个体生活发生密切的关联;幸福也不再是口惠而实不至的玄理,就像古希腊时期哲学家们的论辩那样;更不会像后来用以煽动大众参与社会运动的热情,但到头来却可能变味的乌托邦,就像黑格尔式的幸福神话那样。幸福至此而成为一种关系到国计民生之大业,而且与个体福祉紧密结合在一起的公共性话题。惟其如此,功利主义的幸福理论也一跃而成为近现代以后,西方社会流行的关于幸福的主流话语。

然而,这就是问题的全部么?假如说幸福仅仅是关于个人的快乐,假如个人快乐仅仅是每个人在经验层面上享受与感觉到的快乐,那么,尽管这种幸福可能有其人性的依据,并且由于可以计量而变得可以操作,甚至由此可以在社会福利政策中得以体现,让每一个社会成员受其实惠,然而,正是由于这种实惠且能够量化的计算方法,却也将幸福问题庸俗化与简单化了。这不是说个体的快乐不是幸福,而是说仅仅获得个体的快乐,未必就是幸福。幸福之不同于快乐,必有其不能为快乐所能替代者在。简言之,人作为个体除了追求人生之快乐之外,还有一种追求幸福的深刻的冲动。这种追求幸福的冲动是个体即使享受了所有的快乐之后,都无法取消的;它也不能以追求快乐的

---

① 周辅成编:《西方伦理学名著选辑》,下卷,北京:商务印书馆,1987年,第242页。

冲动来代替。

看来,功利主义的幸福观之所以必须放弃,不在于其对于个体快乐的肯定,而在于其关于个体幸福的定义过于狭隘。假如说个体幸福仅仅是指个体的感觉享受之得到最大满足的话,那么,功利主义眼中获得幸福的个人其实与其他获得极大感官满足的动物无异。因为当沙漠中的狮子在捕杀到一头猎物在兴致勃勃地享用这顿美餐时也会产生这种幸福感觉。而事实上,作为现实世界中的人,仅仅是像美餐这样的感觉享受并不能就会使他产生幸福感。这说明,哪怕是承认幸福是指经验世界中的幸福,其对幸福的体验也不仅仅以感觉刺激的满足为限。假如这样的话,人们尽可以使用"快乐"这个词来代替幸福。可是,我们发现无论个体的人或者人之群体,其追求"幸福"的根本动力并非快乐;甚至于,我们发现现实中不少人为了追求幸福而会舍弃现实的快乐。这说明,快乐无法取代幸福。人作为现象生活中的个体,其对幸福的体验一定有超出于单纯的对感觉快乐的体验的方面。正因为如此,我们要将对幸福的体验与对快乐的体验区分开来。也许,通过对幸福体验与快乐体验的比较,可以使我们知道幸福究竟包含着什么。

首先,深刻性。作为一种心理体验,无论幸福还是快乐,都会给个体带来一种愉悦的感受。但幸福感比起快乐来说,其心理体验要深刻得多。这种心理体验的深刻性,既包括情绪体验的烈度,同时也指心理体验的深度。也就是说,幸福体验不仅仅是由外部事物或环境对感觉器官的刺激所作出的纯粹心理上的反映,而且还伴随着个体全身心各种机能的参与。这种全身心的参与活动使幸福之体验无论在烈度与浓度上,都较之单纯由感觉刺激引起的快乐感觉要来得浓烈。

其次,精神性。快乐的感觉是由个体的感觉器官对外部刺激作出的情绪性反映,这种情绪性反映尽管有时也极其强烈,甚至给肉体带来某种震撼,但这种强烈感却始终限于单纯物理性或生物性的强度与烈度的水平。而幸福感不然,它除了是个体的感觉器官对外部刺激的反映之外,更多地是个体的思想、品位与精神对通过感觉器官接受来的这种外部刺激的感受与体验,这种体验主要由个体的主观精神气质所决定,因此,是一种深度的精神性概念。

再者,人格性。幸福感的体验不仅由个体的精神性所决定,而且是一个人格的概念。就是说,个体的精神性还包括而且体现个体的人格。因此,幸福感其实是由个体对外部刺激与环境作出的一种人格性反应。而快乐的感受则不是一个人格的概念,概言之,具有不同人格的个体对外部刺激在生理上与心理上会作出同样的快乐或不快的反应,但由此获得的幸福与否的感受并不相同。

最后,成长性。快乐是由个体的感觉器官对外部刺激的反应,而个体的这种外部环境的生物性或生理性刺激的反应是由个体的感觉器官的生理感觉能力所决定的,这些生理感觉能力一般是由先天的生理条件与特征所决定的,是固定不变的。而幸福感取决于人的精神能力与人格,而个体的精神与人格在很大程度上是在后天环境中形成并且是可以改良的。因此,个体的幸福感也会随着个体的精神与人格的改变而改变;也就是说,个体的幸福感的体验具有成长性。

从以上可以看出,作为经验主义者,功利主义强调考察幸福时应当重视个体的感觉经验,并且认为幸福中包含着快乐,这点并不为非。功利主义的失误之处并不在于强调幸福与感官快感的联系,也不在于其对于个体幸福或快乐的心理体验的重视,而在于它将感觉刺激与精神体验、快乐的心理感受与幸福的心理体验完全等同起来,其结果就以快乐的感觉经验取代了幸福的心理体验。其实,幸福感作为个体的一种心理体验,与快乐作为个体的一种纯粹心理感受是有很大不同的,即幸福的心理体验无法排除其精神性。因此,为了与快乐加以区别,我们可以给幸福下这么一种经验性的描述定义:幸福是一种个体性的精神体验。在这个定义中,包含着对幸福的三层理解。

首先,幸福存在于精神世界。精神世界不是通常人们所说的心理世界。心理世界是指心理活动的内容。心理活动不限于人类,它是各种动物,包括野兽、家畜、宠物都具有的。因此,不能以心理活动来定义人类才具有的精神世界。精神世界是从事精神活动的人类所建构起来的,虽然精神世界可以(可以不是必然,更不是等同)呈现为人类的心理活动,但不能将精神世界简单地化约为心理活动的内容。这其间的重要区别是:人类心理活动的内容与对象(包括想象的事物)为现象界的事物所限,而精神活动虽然离不开经验世界中的种种现象与事物,但其内容与指向却不停留于现象界而指向超越于纯粹现象的本体界。从这种意义上说,有无精神世界才是人与动物的真正分水岭,而精神世界之大小与高低也成为人与人之差别的真正分界线。换言之,人与人之间的差别与其说是肉体、体能或者智力方面的差别,不如说在精神世界上的差别。心理世界与精神世界的不同还表现在:心理活动是情绪性的,其心理内容与个体的生物性需要联系在一起;而精神世界是体验性的,其精神活动的内容与其说与个体的生物性存在有关,不如说与个体的存在意义有关。因此,精神世界是存在论意义的,而心理世界是表象性或现象界意义的。与精神世界相关联的个体体验是幸福,与心理世界相联系的是个体情绪性的快乐。

其次,幸福是一种体验。幸福虽然存在于精神世界,但精神世界并不独立于人的精神活动之外。从这种意义上说,幸福又是内在于人的,是不能脱离开人的主体世界的。而本属于精神世界的幸福一旦作为人的精神而"活动",它就成为人的精神现象。作为精神现象的幸福,其内容与活动机制与快乐作为心理现象不同:作为精神现象的幸福是一种体验,而作为心理现象的快乐表现为情绪。精神体验与快乐情绪的不同在于:幸福体验作为精神现象具有反思性,而快乐情绪作为心理现象是当下反应的;作为精神现象之体验的幸福将成为长久的记忆,甚至于永远不会消失,而作为心理现象之情绪的快乐是过后即忘的。作为精神现象的幸福体验与个体的精神品格与审美趣味密切相关,而这种精神品格与审美趣味是需要经过长期的精神修炼与熏陶才能获得并逐步地完善的,而作为心理现象的快乐情绪的感受却与个体的肉体方面的需要和满足相联系,而这种肉体方面的满足感属于人的生物性潜能或本能。由于建立在肉体的满足与生物性需求之上,不同人之间的获得快乐的情绪性感受并无太大的差别,而由于需经过长期的精神修炼与后天栽培,不同的人在获得精神幸福的体验方面却有着天壤之别。有人说,人与人的差别远较之人与动物的差别为大,指的就是人与人之间在体验精神幸福方面的差别。打个比方,有的人以做尽恶事为荣,以谈论丑事为乐,而对于具有高尚精神世界的人来说,他只会对这些世间的丑恶事情退避三舍。反过来,丑恶之徒对于高尚之士的幸福或乐趣也无法接受与理解,因为他们生活在两个根本不同的精神世界里。

　　再者,幸福的体验是个体性的。这与可以共享的快乐不同。这里所谓个体性包含三种含义:幸福的个体体验具有内在性。就是说,这种个体体验不是以外显方式存在,而是内在于每个个体的内心世界的。幸福体验的个体性还指个体体验具有的特殊性。就是说,每个不同的个体,其对于幸福的体验是不同的。这种不同,既包括对于幸福体验深度的不同,也包括体验幸福方式的不同。幸福体验的个体性还指这种体验的难以分享性。就是说,每个个体对幸福的体验不仅具有它的特殊性,而且极度的幸福体验根本是无法分享的。说到这里,对快乐的感受虽然也具有个体的性质,但其他的社会成员会知道这个个体对于快乐的感受,甚至还可以分享他的快乐感受,这也是孟子所说的"独乐孰与共乐"。而当幸福感成为个体的一种极度深入的内在体验时,不仅他人无法分享,甚至连他本人都难以言传。换言之,个体不仅无法让他人分享他最内在的幸福深度体验,甚至有些个体的极度幸福体验对于他人来说显得是难以理解的。

讲到这里,要尽量避免对幸福的"精神性"作片面的或极端化的理解,以为幸福既然是一种源自于个体生命深处的精神体验,那么,它就与外部世界无关,完全是主观的、以自我为中心的。非也。幸福虽然属于个体性的精神体验,但是,它却指向外部世界。或者说,幸福不能脱离外部的经验世界。从这种意义上说,幸福不是痴人的说梦或妄想,而是与外部世界紧密相连。但是,与外部世界密切相连,并非说幸福总得有一个外部对象,或者说幸福感是由某种外事物所引起的。对于幸福来说,外部世界可以是作为幸福体验的"对象"而存在的,但与通常客观的对象物不同,这种对象是以意向性的方式存在着的。就是说,对于幸福而言,并不存在一个固定的、一成不变的实体对象作为引起幸福的原因,毋乃说,这个对象物是由作为体验主体的个体在幸福体验中建构起来的。所谓建构不是创作:建构的对象性或意向性是客观存在的,但这种对象物以何种形态或方式存在,是由个体的幸福体验所决定的。比方说,一个处于热恋中的人,在他(她)心目中的情人是以他的幸福体验的方式建构起来的;一旦他不再处于热恋中,对方还是这个人,但却不会再以他处于幸福体验时的对象物方式呈现。

于是,到这里,我们终于可以给幸福下一个更加哲学化的定义,即视幸福为人与世界的共在关系。人与世界共在的方式多种多样,或者说,人生在世,总要与世界结成种种的关系。这种种关系包括:"物"的方式,其特点是主客相分与物我相分的;"伦"的方式,伦即伦理。最早的伦理是家庭伦理或家族伦理,其特点是按照爱有等差与亲疏有别的方式来对人间秩序作出安排。由于亲疏有别与爱有等差,因此,伦的世界也属于主客相分与物我相分的世界。但人与世界的共在关系除了"物"的方式与"伦"的方式之外,还有一种"美"的方式。而当人与世界结成一种美的关系时,就会感受到幸福。所谓美的方式,不是说外部世界是美的(外部世界本无美丑可言),而是说,人与世界的共在方式是以美的方式呈现的。庄子所谓"天地有大美而不言",就是说的这种人与世界的共在方式。美的世界共在方式的特点是天人不分、物我不分,这也就是庄子所说的"天地与我并生,而万物与我为一"的世界。而幸福,则寓居于这种人与世界的美的共在方式之中。为什么说幸福只存在或寓藏于美的世界呢?这涉及到审美与幸福的关系,那它不是简单地从现象界的经验分析就可获致答案的,而属于世界如何存在这样一个形而上学问题了。

第二节 幸福的形而上学

一、世界是精神性的存在

通常,我们总以为世界是脱离人而独立存在的。但当海德格尔说"没有世界,只有世界化"时,无疑敲响了传统形而上学的丧钟。用"世界化"取代"世界"一词,意味着世界属于人类。动物没有世界,只有自然或环境。唯人有世界,这个世界是以世界化的方式呈现的。有的人终其一生只有物的世界,这些人与动物的区别不是世界共在方式之不同,而是在同一共在方式中与世界打交道的手段高明与否的不同。有的人除了物的世界,还追求一个伦的世界。对于这些人来说,他要努力超出自然性的生存,而让生活活出一种"意义"来。这种意义的设定,就是康德所说的"人为自然立法"。康德认为,人之不同于动物或地球上其他生物,是他要寻找宇宙之本源与人生的意义。在康德看来,人能为自然立法,说明人是自由的;故人与自然界(包括地球上除了人之外的其他动物、生物)的区分在于,自然按照自然的必然律行事,而人则服从于自由律。对于康德来说,人的自由律就是人按照伦理原则行事,具有伦理道德。故在康德那里,自由律其实就是道德律。

康德的哲学建立在人与自然的对立,或者说本体界与现象界对立的基础之上。也只有从本体界与现象界对立的基础上,康德所谓的人的自由律以及道德自由的说法才可以得到理解。然而,"世界"或宇宙万物本来就是以这种本体与现象、人与自然相对立的方式存在的么?从最高的道的观点来看,"本来无一物",也本来无一伦。所谓物的世界,伦的世界,都不过是我们从物或伦的角度来看待世界的方式而已。或者说,物的世界也罢,伦的世界也罢,不过是我们建构世界的方式而已。我们既然可以以物的方式或伦的方式建构起世界,当然也可能以另一种方式——美的方式来建构世界。海德格尔说"没有世界,只有世界化",就是这个意思。所谓世界,不过是我们从不同方式来看待周围(包括人自身)的一种视野与"观"而已。

从这种意义上说:世界与其说是物质性的世界,不如说是精神性的更为恰当。所谓世界是精神性的,不是说世界是人类的精神创造的,而是说世界之所以存在,或者说世界以何种方式或样式存在,是以人的精神存在作为前提条件,并且由人的精神所决定的。世界与其说是固定的、一成不变的样式,不如说是由人的精神加以雕塑才得以成形的。故世界是人的精神的雕塑品。亚里士多德认为世界由质料与形式组成,这其中,形式对于世界之以何种样式呈现来说是更为重要的。

二、幸福是人与世界的共在关系

从究竟义来看,幸福只存在于美的世界当中。这话的意思是,当我们体验或感受到幸福的时候，我们一定是处于美的世界共在关系之中了。或者说，当我们体验与感受到幸福的时候，我们已经与世界结成一种美的共在关系。这是因为，当人说自己是处于幸福当中的时候，一定会有一种幸福感。幸福感内在于个体的生命体验，它不是由别人告诉说你是幸福的，你才是幸福的，而是由你自己的切身体验所真切地感受到并且亲证的。这种幸福感之所以不同于通常所说的快乐，是因为它们两者分别处于人与世界不同的共在关系之中。

人有各种心理感觉与感受，包括快乐、忧郁、烦躁、恼怒，等等。这其中，幸福与快乐接近，属于人的积极的心理感受。但与快乐是由外部事物所引起的心理感受不同，幸福感与其说是由外部的刺激所带来的，毋宁说是由人与世界发生共感与共振时产生的。就是说，幸福感不是从外部被给予的，而是当主体与周围的世界处于合一的状态时，主体所体验到的。快乐作为一种外部世界的刺激的产物，是通过人的各种感觉器官引起的。而幸福感作为一种与世界共在的体验，是由人的精神世界所赋予的。人当快乐的时候，是由于他对外部世界中得来的各种"欲望"获得了"满足"，并且知道这种快乐是由何物所引起的。而当一个人处于幸福状态的时候，他对周遭世界是感恩性与回报性的。就是说，当一个人被真正的幸福感所笼罩的时候，他根本不知道何为我，何为外部世界，他只知道自己处于一种忘却我，忘却世界的天人合一的状态之中。这个时候，他会用一种感恩的心情来看待周围的世界。他会说，世界是多么美好，我是多么"幸运"！从这种意义上说，当真正的幸福感降临的时候，人会有一种"高峰体验"。这种高峰体验，是由于个体感到生命力的极度充沛与充盈，而与周遭世界发生共交与共感（所谓"神交共感"）而产生的。

一个人终其一生都处于极度的幸福感之中是不多见的，但是，我们每个个体的生命，在生命的某一时段或某一瞬间，都曾经有过这种类似于幸福感的体验与经验。当我们与自己真正相爱的恋人处于热恋之中,并且在品尝那爱情的果汁之时;当我们置身于大自然的美景,并且为眼前自然之"鬼斧神工"之本领所惊慄之时;当我们在艺术博物馆欣赏某幅艺术杰作时;当我们为天才音乐家的歌声所沉醉时,这个时候,一种"忘乎所以"、要凌空而去的感觉会油然而生,这时候,心理感觉告诉我们:自己是处于幸福当中了。

三、幸福是人的个体性精神事件

能品尝到幸福的人是幸福的,而一生当中未曾品尝过幸福的人是不幸的。这好像有点"同义反复"。其实,这话的真正意思是:人是为幸福而生的,因此,人不仅要追求幸福,而且应当能品尝与体验到幸福。但是,幸福又是一个顽皮的儿童,或者说是一个心气高傲的"安琪儿",它有故意作弄人的一面。你有心追逐他(她),却未必能得到他(她)的青睐;反之,当你不经意的时候,幸福却可能不期而遇或不请自来。快乐是想要就有或者说可以追求得到的,而幸福却是"可遇而不可求"的。

有的人容易获得幸福。这与其归结为这些人的"运气",毋宁说是由这些人的个体天性使然。这些人之所以能获得或者容易幸福,是因为其精神向度与幸福的精神世界相契或相合。就是说,世界上天生有一种人生来就容易被幸福眷顾,这些人是"有福"了。我们大多数人无此"幸运"。但是,不容易被幸福眷顾的人通过努力仍然可以得到幸福。这不是说当幸福不光临我们头上的时候,要我们去追求幸福,而是说,我们通过改变自身,却可以增加幸福降临的机遇。

所谓改变自身,是说改变我们自身的精神。造物主创造芸芸众生,本有"天生不平等"的一面:有人生来容易得到幸福的眷顾,有人则生下来被幸福疏远。但是,这种天生的不平等并不是绝对的,更不是不可以改变的。这正像有人天生面容姣好,容易讨人喜欢,而有人则生下来就"其貌不扬",甚至有所缺陷一样。然而,幸福并不"以貌取人",因为容貌只属于人的外部的形体,而幸福感兴趣的则是人的内在的精神世界。因此,我们每个人要获得幸福,可以从精神世界的修炼做起。明白乎此,就知道为什么有那么多人会去研修文学、艺术、音乐、舞蹈,并且注意修饰自己的仪容仪表。原因无他,通过这诸种人文文化的研习与熏陶,我们会慢慢懂得幸福对什么垂青,从而增加与幸福"相遇"的机会。

四、世界是"一即一切,一切即一"

以上是从人与世界的共在关系与作为幸福感的幸福来谈何为幸福。一方面,我们说幸福是个体性的精神体验,这是着眼于作为精神主体的个体的心理感受来谈何为幸福。另一方面,我们又说幸福是人与世界的共在关系。这是将幸福理解为经过"世界化"后的一种精神性存在。以上两种关于幸福的定义都涉及到"精神世界"。这就带来一个问题:所谓"精神世界"究竟何所指? 或者说,精神世界到底是我们自身之外的外部世界,抑或是我们主体心灵建构起来的世界? 对这个问题的解答,把我们引向美的形而上学。也就是说,关于幸福所寓居的精神世界是一个形而上学问题。何以言之?

上面,当我们说幸福是个体性的体验,以及说幸福是人与世界共在的关系的时候,其实已预设了一种形而上学观。这种形而上学观就是区分作为能体验到幸福感的主体以及作为提供主体以幸福感的世界或共在世界。其实,当我们这样说话的时候,已经是将世界或者说宇宙万物划分为两个世界：主体世界与客观世界。尽管我们后来也说，对于幸福来说，本来并无主观的二分，或者说幸福感的降临是主客消失的世界。但所谓主客消失，所谓打破主客二分，都是以主客二分作为前提的，否则，就无所谓的打破主客二分或者使主客二分消失。但是，现在，我们要补充说的是：以上关于主客二分或者打破主客二分都只是"方便说法"，就是说，当我们前面解释何为幸福的时候，有一种"康德式"的思想预设，即我们的当下实存是以主客二分或主客对立作为前提条件的。就是说，主客二分是我们人类的生存境遇：我们每个人从一出生以来，就被"抛"入到这个主客二分的世界了。因此说，主客二分的世界是我们每个人无法逃避的生存世界。然而，尽管我们无法逃避这个主客二分的生存世界，作为有限的理性存在物，我们人类还是选择与追求无限的自由。这种无限的自由究竟有哪里呢？康德认为只存在于本体界，而本体与现象界是对立的，因此，要获得无限的自由，只有到本体界或物自体的世界那里去找寻。

康德的说法囿于本体与现象界之二分。其实，从究竟义上看，世界是一又是多，"一即一切，一切即一"本来是世界存在的根本方式。这里所谓一，是指宇宙本体，它是一无差别的终极实在；所谓一切，是指分化为形形色色、彼此有差别的现象世界。问题是：一就是一，一切就是一切，一无差别的本体怎么可能又是彼此分别的一切呢？原来，这个问题只有从美的形而上学才能得以理解。所谓美的形而上学，是说美作为宇宙之终极实在是一，宇宙即美；但是，宇宙之美又体现或呈现为现象界之形形色色、这这那那。就是说，脱离了现象世界之形形色色、这这那那，宇宙之美即不存在；反过来，现象界之形形色色、这这那那作为美的呈现，才体现美之本体。或者说，假如没有了形形色色、这这那那，也即无宇宙之终极之美。于是，终极实在之美与诸多之美合一，本体之美与现象之美合一。也就是说，宇宙终极之美必呈现为现象世界之诸多，现象世界之诸多无非宇宙终极之美的呈现。

说宇宙终极之美呈现为现象界之诸美,现象界之诸美体现宇宙终极之美,这也即从审美的角度看,一即一切,一切即一。因此说,所谓一即一切,一切即一,其实是一个美的形而上学问题。也即是说,所谓一即一切,一切即一,只有从审美的角度来看才有意义与可能,否则,一只是一,一切只是一切,一与一切之间永难过渡。

五、世界作为"有意味的形式"

由此看来,在美的形而上学视野中,世界是以一即一切、一切即一的方式存在的。或者说,一即一切、一切即一是宇宙万物存在的本然方式。那么,为什么我们在日常生活中,却经常难以发现它呢?原来,在日常生活中,我们总处于现象界与本体二分的世界中,而离开审美的眼光甚远。因此,要看到一即一切、一切即一的宇宙本相,首先意味着要实现形而上学观的转变:从物的形而上学向美的形而上学转变。

美的形而上学并不否认而毋宁说强调现象界形形色色彼此之不同。正是有了这诸多不同,美才有了依附并获得其表现形式。就是说,宇宙终极之美其实是通过现象界之诸美来实现或呈现的。换言之,美不单调而是丰富多彩。这就是为什么谈起美,我们总会想到丰富的色彩,以及形式的多样性,等等。

说美的多样性与丰富性,是就其形式而非质料而言。宇宙万物皆由形式与质料组成。质料有硬性,给人以质感。就人而言,人的质料与人的生物性需要密切相关。可以说,宇宙万物之变动,包括人类之生物性存在与活动,皆是通过宇宙万物之形式来进行质料之交换与转移的过程。"能有出入,式无内外"[1]说的就是这种宇宙万物之变化过程。而审美形而上学或者说美的形而上学则完全忽略了或无视宇宙

---

[1] 金岳霖:《论道》,北京:商务印书馆,1985年,第32页。

万物变动过程中之质料,而完全就其形式而言。故在美的形而上学中,宇宙万物只有其形式而无其质料。这也就意味着:对于美的形而上学而言,宇宙万物之流变完全与人的生物性存在无关,这是一个纯粹的审美世界。庄子说"天地有大美而不言",[①]指的就是这种审美意义上的形而上学。

在美的形而上学中,宇宙万物,包括人自身,不仅仅是形式,而且是"有意味的形式"。所谓有意味的形式,是着眼于形式的审美意义而言。形式的审美意义也即形式的超工具性。宇宙万物之存在皆有其形式,这形式一方面具有维持个体之质料交换与转移的工具性价值,另一方面作为形式本身又具有其超工具性的审美价值。前者由于体现了形式对个体的工具性与功用性,对于个体来说可以说是有意义的形式;后者由于体现了形式个体的审美价值,故称之为个体的有意味的形式。世间一切事物,包括人,皆是有意味的形式与有意义的形式的混合体。而从审美形而上学的角度看,一个人能否活得快乐甚至幸福,则意味着他能否从有意义的形式转变为有意味的形式。或者说,他能否舍弃其有意义的形式而保留其有意味的形式。

第三节　审美与幸福

一、有意味的形式与理念

当我们说世界或人是有意味的形式的时候,这到底意味着什么呢?

有意味的形式是"恰到好处"的形式。当人们描写传说中的西施之美貌说"多一分则肥,减一分则瘦",喻其体姿肥瘦适宜,恰到好处

---

① 《庄子·知北游》。

也。同样,苏东坡咏西湖之诗云:"水光潋滟晴方好,山色空蒙雨亦奇,欲把西湖比西子,淡妆浓抹总相宜",亦是对西湖湖光山色之形式恰到好处的形象说明也。

形式的恰到好处,又称形式的恰如其分。宇宙万物,包括人,在其每个具体时点皆有其最恰如其分的形式。而只有这种恰如其分或恰到好处的形式,才给人以美感。而这种美感也才可以唤起人的愉悦之情。当人面对这恰如其分或恰到好处的形式,而又将主体之人格参与其中,与其发生共感,到了这时候,人就可以说处于幸福之中了。

故而,并非任何具有形式的东西都可以是美的。有意味的形式是特指的,是形式的标本或范型。而通常作为事物之"外形"的形式其实只是"样式"。当柏拉图说现象是理念的不正确的摹仿,也是就样式与有意味的形式的区别来说的。的确,我们在现象界中见到的往往只能是事物之样式,有的事物之样式甚至还会以有意味的形式的对立面的方式出现。这种与有意味的形式相对立的形式称之为"丑陋"。显然,面对丑陋的形式或样式,我们每个人不仅无法产生幸福的感觉,而且会因为心理感觉不适对其退避三舍或"逃之夭夭"。尽管这种丑陋的样式也体现了宇宙万物存在之多样性,但从审美的意义上,我们通常还是会拒斥它。极少数以丑为美的人另当别论。

由此看来,有意味的形式在现实世界中往往不可多得,而纯粹的有意味形式只能是一种"理念"。但这种理念不存在于柏拉图所说的抽象王国,却寓居于人的精神存在之域。只有当这种精神存在之域的有意味形式投射或附丽于现象界的事物之中时,我们才在现象世界中发现或寻找到美。从而,本来寓居于精神世界的纯粹形式与现象中的对象物合一,也与我们心灵中对美的渴求相契,于是,我们感到心灵的愉悦和震撼,于是,幸福感从心中油然而生。体验过这种幸福感的人是有福的,未能体验过这种幸福感的人生是一种遗憾。我们大多数人在生命中的某些时候或某个时刻会体验到这种幸福的感觉;但要真正遇见作为理念之化身的有意味的形式之降临,这简直是生命的奇迹。它是可遇而不可求的。

正因为作为理念的有意味形式是如此难遇,它反倒成为我们每个个体追求的目标。可以说,我们每个个体从生下来,就在冥冥之中试图不断去追求与追逐这种有意味的形式。它甚至成为我们人生的动力。只不过是,我们处于冥冥之中的生灵常常把握不住何者才是我们所向往的有意味的形式,而常常将歪曲的形式,有时甚至将丑陋的样式误判作有意味的形式。这是因为现象界太复杂了,样式与形式并存,美与丑并立,而我们或者视力不佳,或者求美心切,于是就将丑作美,或者误以为现象界是缺乏美了。

二、论"优美"

在现象界中,有意味的形式以两种形式呈现出来,这就是康德所说的"优美"与"壮美"(康德认为"壮美"是无形式的,故名之为"崇高",此点不确)。此两者皆为形式,但形式的表现不同。其中,优美讲究对称,其特点是均衡与和谐;壮美讲究对立,其特点是对比与反差。说美是优美容易理解,这也许是大自然中常见到的美的形式,比如说,西子湖的秀丽,春天之草木,而女性美则是优美的一种典型形式。优美使人容易陶醉其中,唤起人的幸福感,此点很好理解,为何强调对立的壮美也可以使人获得幸福的感受呢?应当说,大自然以及生命中的壮美常常以冲突的形式表现,人们之所以不认为它是美,甚至拒斥它,是因为这种壮美往往不止是形式,还是质料。当作为质料的壮美与人的利益关系联系在一起时,它就不再是美了,而成为"力":代表征服、恐怖与野蛮。故只有当作为形式的壮美从它的作为质料的内容中剥离出来以后,壮美才是美的;否则它带来的是破坏、毁灭,甚至死亡。比如说,大自然中常出现的海洋飓风、火山之喷发,当它作为质料危害到人们的生存时,它不会是美,只有当人们不受到它的威胁,或者在它的威力之外,对它加以"静观"的时候,它才是美的。故壮美之可能的前提是审美的"距离感"。人们只有在对具有强烈对比形式、过于夸张的事物作距离感的审美静观时,它才成为壮美。

优美与壮美作为美的两种基本形式,它们在人心中引起的幸福的体验并不相同。优美作为形式美的特点是对称。人在体验这种美的时候,感受到的是宇宙与生命动律的和谐。人在体验这种美的时候,心灵处于一种放松的状态。这时候,人获得的与其说是一种激动与沉醉,不如说更多地是一种愉悦与欣赏。换言之,在体验优美的时候,人会进入一种似梦非梦的状态,体会到宇宙万物处于一种和谐的状态,他不愿意打破这种状态,愿意与这种状态永远持续下去,故优美使人处于静穆与安闲的状态,他是以这种静穆与安闲的心境来体会与体察宇宙万物之美。这时候,宇宙与万物与主体的心境化成一体,人似乎在梦幻中一般,这种梦幻是视觉的。

故优美又可以说是视觉的艺术,人在享受这种视觉艺术时更多体验到的是愉悦之幸福。换言之,愉悦之美是静穆的,愉悦给人的享受是安详与心态之平和。作为优美之体验的幸福感的最好像征是"日神状态"。在日神状态中,宇宙万物是清晰而明亮的。尼采说:"我们用日神的名字统称美的外观的无数幻觉。"① 就艺术形式来说,体现优美之最好的艺术是绘画。也就是说,绘画作为艺术给人的审美感受更多地带来的是心气的平和与安静。或者说,我们在欣赏绘画作品时,人的心境更多地是处于一种放松与平和的状态。拿艺术风格来说,优美的代表形式是古典主义,古典主义的艺术要求是对称、均衡,其审美与其说是情感的介入,不如说更多地是理智的鉴赏与澄明。优美之幸福感的获得还常常与时辰和季节有关:在白昼,当理智处于清醒的时刻,

---

① 尼采:《悲观的诞生》,北京:三联书店,1986年,第108页。

我们更容易感受到大自然的和谐,从而也就更容易与优美发生共感,这种与优美共感的状态,更多地是一种视觉的欣赏与享受,它要求的是情感的节制。

三、论"壮美"

反之,壮美作为形式美的特点是对比与强烈的反衬。人在体验这种美的时候,感受到的是宇宙与生命动律的强烈反差与动荡。人在体验这种美的时候,心灵处于一种极度的激动状态。换言之,对壮美的欣赏需要的是激情与情感的强烈介入。也就是说,壮美给人的冲击与其说是视觉的,不如说是情感的与躯体的。艺术作为体现这种崇高美的最好形式,无疑是音乐与舞蹈。当人们在欣赏音乐的时候,会唤起人的强烈的情感诉求,这种情感诉求是音乐触动了我们潜意识中的无明,而正是通过音乐的节奏与旋律,深藏于我们潜意识中的无明得以宣泄与表达;而愈是主题雄壮与旋律激昂的音乐,愈是容易激起我们心中的无明,从而愈易使人获得一种壮美的体验与享受。与优美体验到的和平与静穆心境不同,这种壮美给人的感受与享受是一种深深的沉醉。故尼采将日神状态与酒神状态分别比喻为"梦"与"醉"实有其道理:人做梦虽在梦中,但梦的内容是清晰的、可见的,人以为这个梦的内容就是真实现象的东西;人处在醉的状态则不同,他是不清醒的,这种不清醒,不只是他不能去思考,而且是说他对幸福的体验是混沌的。就是说,他根本意识不到他是在体验或审美,他与外界完全打成一片。或者说,对于处于醉中的人来说,宇宙万物就是他自己,他自己就是宇宙万物,因之,壮美的幸福与其说是对宇宙万物的静观,不如说是与宇宙万物的直接合一。

在舞蹈欣赏中,我们看到这种追求与外物合一的典型状态。我们在欣赏舞蹈时,不由得也会"手舞足蹈",而且愈是高超的舞蹈艺术,愈是能激发起我们"手之舞之足之蹈之",故人们在欣赏舞蹈时,与其说是用理智与心灵,不如说是在运用身体。与优美的享受使人心境平和与懂得节制不同,壮美的欣赏与享受唤起人的强烈的情感需要。它给人带来的与其说是节制,不如说是放纵。故而,在体验酒醉的"幸福感"时,人们常常会变得不清醒,而平日克制的各种欲望会油然而生。与优美在白昼经常出现不同,作为幸福的壮美常常在黑夜中来临。这是因为,只有在冥冥黑夜中,周围的一切都分辨不清楚了,这时候,我们平常应付事务的理智才解除了武装;这时候,我们潜意识中的无明才会更容易涌动。而在大自然中,也提供了这种壮美的极好形式,比如说海洋飓风、火山喷发等奇观。而在艺术风格中,壮美找到了它的极好表达形式——浪漫主义。

应当说,将幸福感从审美的角度区分为优美与壮美,这只是一种类型的划分。在生活当中,我们常常碰到的并不是像优美或壮美这样的极端形式,而通常是它们的不典型形式,甚至是这两种美的混合。比方说,音乐中除了壮美(如交响曲、进行曲)之外,我们也有表现优美的音乐作品,典型的如小夜曲;绘画除了表现优美之题材外,还可以用来表达壮美。生活当中的美更是如此:在日常生活中,我们通常见到的不是优美与壮美的典型形式,而只是这两种美的不那样典型甚至混合的形式。例如,在同一个人身上,我们既可以发现他的优美的一面,同时也可以发现他身上壮美的方面。如此等等。

四、幸福的"原型"

通过以上所论,可以得出这样的看法:优美与壮美是审美的两种类型,通过对这两种审美的观照,人们才感受与体验到幸福。幸福不是其他,无非是审美在人们内心中唤起的心理体验(又是精神性的)而已。但是,在日常生活中,我们发现,幸福感并非在我们的审美过程中才出现。就是说,在日常生活中,我们之所以感受或体验到幸福,似乎与审美无关。事实是否如此呢?其实,当我们说幸福感或幸福与审美无关的时候,并非审美没有在我们的生活中出现,只是我们自己不知道我们是在审美而已。弗洛伊德在谈到许多人否认自己的无意识中没有"恋父情结"与"恋母情结"的时候,曾说过这么一句很经典的话:"你不知道你知道。"这话的意思是:人在意识层面是不可能知道潜意识中的内容的;但意识层面的否认,并不等于潜意识中的东西不存在。人的幸福感来源于审美也是这个道理:说人的幸福感来源于人的审美,这是对人的精神作精神分析的结果,就是说:优美与壮丽作为人的幸福的来源,是以无意识的方式存在的。或者说,优美与壮美其实是幸福感的"原型"。

所谓原型,是指生活中并没有这样的形式出现,但生活中的各种经验现象的出现与产生,却被这原型所决定。优美与壮美作为幸福之源泉就是这个道理。比方说,在大千世界中,我们每个人追求的幸福目标各不相同。这如此多种多样的生活目的,表面上与我们的审美无关,但仔细分析一下,它们都与我们潜意识中的审美天性与精神向度有关。有人追求一生平平稳稳,认为生活幸福说指凡事顺利,心想事成;有人则追求轰轰烈烈,认为人生的幸福就是冒险与不断求变。在爱情问题上,有人喜欢"执子之手,与子偕老",有人则追逐新奇与浪漫。在生活情趣上,有人喜欢安闲与自在,有人则喜欢动荡与冒险。在阅读趣味上,有人喜欢心理情感小说,有人则爱好警探片与武打片。

这也反映在业余爱好上,有人喜欢钓鱼,有人爱好登山。假如对这些生活现象进行一番审美的精神分析,可以看到,前者可以归入优美类型,后者则可以

纳入壮美类型。就是说，他（她）们之所以爱好这种或那种事物或事情，表面上看似乎是一种个人爱好与兴趣，其实这些爱好都是由其潜意识中的审美类型所决定的，是审美类型决定或左右了他们选择这种爱好或那种爱好。或者说，是审美类型决定了他们在从事这种或那种事情时是否会获得幸福。假如一个人从事的事情适合他的审美天性，则他在从事这项事情的时候，就会感受到幸福或快乐；假如一个人所做的事情不是由他的审美天性所决定的，而是由其他外在动机与目的所决定的，那么，他在做这种事情时，很难享受或体验到幸福。

当然，如上所述，人的审美类型并非是非此即彼的，大多数人其实是这两种类型的混合，故我们大多数人在做不同类型的事情时都能体验到幸福。更何况，说人的幸福感由人的审美天性所决定，并非是指人的审美天性是生来如此，或一成不变的。其实，尽管有着先天的差异，但我们每个人都可以在后天的环境中改变或重新塑造我们的审美天性。从这种意义上说，审美天性又是有待于完成与不断生成的。

第四节 幸福的沉沦、痛苦与崇高

一、"完满"幸福的含义

人愈是追求幸福，就会发现他愈是处于痛苦之中。这里所谓痛苦不是指我们在日常生活中由于想得到的某样东西没有得到而引起的心理不适或不快乐，也不是因为某种心爱之物被别人夺走而带来的痛苦，而是指人从究竟上看，一旦他对幸福的追求非常执著，他将会感受的不是幸福而是痛苦。这是因为，幸福作为理念，是一个"完满"的概念，这才是最高义的幸福。

从完满幸福的意义看，上面我们所谈的幸福的类型：作为优美的幸福与以崇高形式出现的幸福，其实仅是幸福中的类型，既然是类型，则它们并非完满。也就是说，作为优美的幸福不包括崇高的幸福，反之亦然；不仅如此，它们常常相互排斥，就是说，假如我们追求优美，则无法同时得到崇高。或者说，假如我们获得了优美的幸福，则丧失了体验崇高的幸福。优美作为幸福是以崇高的丧失作为代价的；反之亦然。而人生之追求幸福，本来是不将其作为类型而是作为整体来看待的，就是说，我们既希望拥有优美的幸福，同时也希望体验崇高的幸福。但是，这两种幸福之不能同时集于人之一身，这对于追求幸福的人来说不啻成为一种限制。也许，追求完满幸福是人的本性，而人对于完满幸福的渴望与追求愈是强烈，它却愈难以实现，这样下去，人就老处于痛苦之中。这种痛苦不是日常生活中得不到某种事物与某个具体愿望不能实现的痛苦，后者之无法实现或者暂时不能实现，顶多给我们造成的是不快乐，这种不快乐后来可以忘却或化解，或在生活中由于找到具体愿望的替代形式而对快乐予以补偿。但追求完满的幸福却与生俱来，它是无法化解或用其他东西代替之。于是，一个人对完满幸福的追求愈是执著，他就愈会体验到完满幸福之难以实现的痛苦。

二、幸福作为理念

人们之追求完满幸福，是把它作为生活的一种"理想"来加以对待的，然而，幸福作为精神性事件，本来是一种理念。理念与理想之区别在于：完满的理念仅存在于本体界，而真实的理想则属于现实中可能实现之事。而人们要将本来存在于理念中的幸福在现实层面中落实，这注定了作为幸福的理念将变为幸福的理想。而作为理想的幸福虽然是幸福，但不再是像作为理念那样的完满意义上的幸福。换言之，人们一旦在现实生活中获得了幸福或者体验到幸福感，这种幸福感尽管真实存在，但它却已失去了其作为理念的"光环"，由之使人们不再将其视之幸福,而视之为快乐。这就是为什么在生活中我们可以观察到许多这样的例子:本来是作为幸福的对象物追求的,但一旦追求到手,却未必感受到幸福,而顶多感觉到快乐;更甚者,对幸福之对象追求到手后,反倒带来的是幸福的反面——失望和痛苦。这说明,真正的、纯粹的幸福本来只存在于本体界,它作为一种理念,本来只可想象与追求,却不可以实现;或者一旦实现,却容易变形。这种在本体论意义上完满,而在现象层面上不完整或变形的幸福,具有空灵的性质。

一旦意识到纯粹幸福之空灵,在现实当中,我们发现:人们从对幸福的追求也许会改弦易辙。质言之,纯粹幸福既然不存在于现实生活之中,那么,就放弃对幸福之追求吧,还是让我们回到一个更现实,也更功利的世界。于是,人们会将生活限制于一个仅仅满足于物质欲求与利益追逐的世界。对于这些人来说,世界似乎并无幸福可言,也无需去追求所谓精神性的幸福。总之,按照这种哲学,为生存而生存才是人类的本性。由于意识到人类从本质上与动物无异,到头来终有一死,因此,就像动物那样地活吧,假如说有精神性的幸福,它也只存在于天国或上帝那里,而与我们凡人无关。这种虚无主义的抬头以及对于幸福的离弃,实同幸福作为理念,但又作为要在现实中实现的理想的这种二元对立的本性有关。

三、幸福之"二律背反"

追求幸福之容易产生痛苦,还因为幸福作为理念,意味着永恒。所谓永恒,是指幸福的永久性与恒常性。人愈是希望幸福,愈是希望幸福之永驻常在,不会消失。但事实上,现象界总处于变动之中,一切皆变,而与具体事物相联系的幸福感也常变。就是说,人在此一时感到幸福,到了彼一时未必感到幸福;人对某种事物发生兴趣并且由于审美欣赏而感受到幸福,而到了另一时候却对这种事物失去了兴趣而不会从它那里得到幸福;更深层的原因是我们无法将幸福感普遍于一切事物。我们获得某种幸福,常常是以其他种幸福的丧失作为代价的。在现象界,我们无法获得幸福的全部。而作为完满与永恒的幸福的理念,是必得包含世间一切幸福在内的幸福之大全。于是,对追求包含一切幸福在内的永恒幸福的追求,也就成为我们追求幸福过程中痛苦的源泉。

正因为幸福无法永恒,因此,放弃它吧。对永恒幸福的放弃,不同于对于某种幸福类型的追求,而是从根本上放弃幸福。这种对幸福的根本放弃,也不同于对幸福的不信任,像前述虚无主义的产生那样,而是说幸福既不常在,那么,就生活在当下的世界吧。于是,一种"及时行乐"以及"今朝有酒今朝醉"的人生观由此产生。这种当下行乐的人生观不同于虚无主义的人生观的方面在于,它以为人生是值是过的,而且是应当快乐地活的;但是,这种快乐,既无对于世界是"虚无"的"精神性"的体验,甚至也不追求某种作为在世"理想"的幸福或快乐。而是说,当下就是一切,当下就是人生,于是,人生既非是追求幸福的,甚至也不是追求某种功利的,却也不是虚无,而是"当下"的。这种当下的世界,有似于混沌漆黑的一片世界。假如某个个体果真彻底地生活于这种当下混沌漆黑一片的世界里,不仅其他人难以猜度他心目中的幸福为何物,连他自己也无法知道他想追求的什么方才是幸福。

四、直面痛苦

由此看来,对于幸福的理解非同小可,它不仅关乎我们每个个体能否获得幸福,还关系到整个人类社会的生存方式。而对幸福的执著与追求,并非一定能获得幸福,反倒容易引起对幸福的怀疑与放逐。以上所说的虚无主义以及当下主义,就是人们在追求幸福过程中发现完满幸福、纯粹幸福、永恒幸福之无法实现的失望之后,去找到的关于幸福的替代方案与异化形式。

应当说,幸福的虚无主义以及当下主义,无非是人们在寻找幸福的过程中,由于想摆脱与其结伴而来的"痛苦"所导致的。因此,由此而责备人性的懦弱,无乃说更应当去正视与幸福结伴而来的痛苦。在寻找与追求幸福过程中产生的痛苦,并非是我们通常在日常生活中遇到不顺意之事而产生的心理不适与不快活,它与幸福一样有其形而上学的根基。假如说真正的幸福只存在于人的精神世界的话,那么,与幸福孪生的痛苦,必然也属于人才会有的一种精神性事件。不同于幸福的方面在于,假如说幸福作为一种理念具有空灵的性质,属于"生命中不能承受之轻"的话,那么,追求幸福过程中遭遇到的痛苦,就由于有了人之肉身这一拖累,而属于"生命中不能承受之重"了。然而,无论生命不能承受之轻也罢,不能承受之重也罢,它们都是具体的个体人在追求幸福过程中必须遭遇的精神体验。质言之,痛苦是我们每个个体在追求幸福过程中必须要承担的一种"宿命"。因此,接受它吧,哪怕这是"痛苦"。

然而,假如意识到痛苦是个体在追求幸福过程中的一种宿命甚至"天命"的话,那么,面对这种宿命"知难而上",生命的意义就发生了一场转变。这不是说由于意识到痛苦是追求幸福过程中必然要遭遇之事,痛苦因此就会转变为幸福。不是的。痛苦是在追求幸福过程中,体验到幸福之无法获得而产生的"切肤之痛";这种切肤之痛,远超过一般意义上的肉体切肤之痛,它当然不是一种可以给心灵带来"愉悦"的享受,从而也就不可能转化为幸福。然而,对于痛苦的体验与承担,却可以唤起人类方有的另一种情感——崇高。所谓崇高感,是指个体在面对某种超出一般意义的"巨大物"时所产生的一种震撼的心理体验与精神体验。依康德的说法,它也属于"审美"的范畴。但与我们这里所说的为幸福作形而上学奠基的幸福美不同,崇高作为一种精神性体验,更多地是"反思性"的。就是说,当人产生崇高的审美冲动的时候,这种崇高感的感受与其说是情绪式的或当下直接能体验的,不如说更多地具有"理性"的成分。也职是之故,作为理念,崇高较之幸福来说是更为纯粹的。然而,作为精神性的存在,它却与幸福一样,同样是人之作为人最值得期盼与珍惜的天性与禀赋。而当一个人在追求幸福而不达,或者在追求纯粹幸福而不可能,却仍然不放弃这一希望而继续追求的时候,就会在人的心中唤起一种崇高感。这种崇高感的产生同样有其形而上学的根源。假如说幸福感的产生内在于个体面对宇宙所产生的"一即一切,一切即一"的存在性感悟的话,那么,个体在追求幸福的过程中,由于追求幸福之大全而未达,就会意识到个体之渺小,从而也会有一种对于宇宙流洪中"一"与"一切"之间的对立与冲突的深刻存在性感悟。但这种存在感悟并未使他放弃对幸福之大全的向往与追求。作为一种心理现象,他从内心还会升起一种崇高的使命感与对生命敬畏的庄严感:是的,作为个体的人类是渺小甚至微不足道的。但是,在强大和浩瀚的宇宙面前,他又是无与伦比地"伟大的"。这种伟大与其说是物质与生理能力上的,不如说是精神与思想上的。

五、生命的高贵意识

帕斯卡尔说:"人只不过是一根芦苇,……但他是一根能思想的芦苇。"①人其实不光是一根能思想的芦苇,而且是一根能以审美眼光来看待世界与自身的芦苇。而这种审美眼光正是人与动物及其他宇宙无生命之物的本质区别所在,也是人作为个体之不同的精神品格之迥异所在。一旦人意识到这点,而且作为一个不放弃对幸福追求的人,他知道,他的生命与精神世界从此注定不会再复平静,因为对幸福的执著追求与追问,必定将他抛至"痛苦"这一深渊之中。但是,他不后悔,毋宁说,这是他自找的。本来,一个人不追求或追问幸福问题,他

---

① 帕斯卡尔:《思想录》,北京:商务印书馆,1986年,第157—158页。

完全可以安安稳稳地度过一生了,但一旦发现对此追求是一问题,而且永远不可求解,这将注定他的生命是悲剧式的一生,他的精神生命从此要在悲剧中度过了。于是,他发现人终究是悲剧性的存在。但这种悲剧式的生命存在,是他无法逃离的,是他作为一个追求精神幸福的人体验到的,于是,一种自甘于放逐于悲剧中的生命的庄严感油然而生,这种生命的庄严感使他体验或感受到生命的高贵。是的,人可以追求不到幸福,但人不可以不活得高贵。因此,他从追求幸福开始,没有追求到幸福,但却获享到生命的高贵。帕斯卡尔写道:"为什么我的知识是有限的?我的身体也是的?我的一生不过百年而非千载?大自然有什么理由要使我禀赋如此,要在无穷之中选择这个数目而非另一个数目。本来在无穷之中是并不更有理由要选择一个而不选择另一个的,更该尝试任何一个而不是另一个的。"① "因为无可怀疑的是,这一生的时光只不过是一瞬间,而死亡状态无论其性质如何,却是永恒的;我们全部的行为与思想都要依照这种永恒的状态而采取如此之不同的途径,以致除非根据应该成为我们最终鹄的之点的那个真理来调节我们的途径,否则我们就不可能有意义地、有判断地前进一步。"②假如说这前段话属于对于生命的悲剧性生存的存在性感悟的话,那么,这后段话,就完全是一种对于生命之要活得高贵与尊荣的赞叹与讴歌了。

  切莫小看了这种生命的高贵意识。而生命的高贵意识正是在人的追求精神幸福的体验中感受到并且完成的。高贵不是平凡的对立面,而是与委琐与卑微相对立的。有的人尽管一生平凡,并无所谓奇迹发生,但他活得光明磊落,一生正气,举手投足,大事小事,都显示出生命的高贵与庄严;也有的人终生沉浮于"逐物"之中,由于获取了世间名利而沾沾自喜;或者为了功名利禄而不择手段,更有些人装作正

---

① 帕斯卡尔:《思想录》,北京:商务印书馆,1986年,第102页。
② 同上书,第98页。

人君子，道貌岸然，内心世界却极其龌龊肮脏，这种人离生命的高贵就相差甚远。这样看来，生命的高贵与尊荣与其说是外在与容貌体态方面的，不如说更多地是精神与品格方面的。由于生命的高贵感内在于追求幸福而体验到的生命悲剧意识，这样的人虽然极度痛苦，但其生命因此而享有了高贵，也可以说是另一种意义上的生命福音。而这种痛苦是在追求幸福的过程中产生的，并因之得以接受高贵的洗礼，从而也就成为生命可以接受的馈赠了。

第二章 人是有待于完成的艺术品

第一节 幸福与教养

一、人是精神性的存在

人是有待于完成的艺术品。当人不仅是以审美的眼光来看待世界,而且以审美的眼光来审视自身时,他才发现:幸福原来源自于人本身。

说人是艺术品,是说人应当成为审美的对象。但是,人作为艺术品是有待完成的。动物没有审美意识,也不会把它自己当作审美对象,但人很早开始就将他自己当作审美对象来审视,可以说,人类的这一审美历程从人类诞生之初就开始了。从人类最初发明了"遮丑布"遮蔽或者炫示自己的下体开始,到原始人的喜欢"赤发文身",以及各种图腾崇拜中的装饰,可以说,人类很早就学会了以审美的眼光来看待与修饰自己。人类的进化史,可以说是一部人类如何以审美的眼光塑造自身的历史。但是,人类对自身的审美塑造,却是一个漫长的历史过程。从早期的注重外部与肉体的装饰,到后来,人愈来愈注重自身的精神与品位的修养。因此,严格说来,人类的修饰史是一个由外部到内部、由注重物化形态到注重精神修养的进化史。

人毕竟是由动物演化过来的。注重人的塑造,是为了将人变成

"完人"。春秋时代的孔子提倡"六艺":诗、书、礼、乐、射、御。学习"六艺"的原初意义,主要不是基于实用的目的,而是立足于"教化":对于像孔子这样的古典人文主义大师来说,人假如不受过教化的洗礼,那么,他还不是完整意义上的人。对于孔子来说,真正的人是"君子":"文质彬彬,而后君子。"①而要成为君子,则需要学习与掌握六艺以及其他各种人文知识与技能。古代圣哲是严格区分教养与知识的:教养的培育离不开知识,但知识却不等于教养。因此,学习六艺,正是要通过"六艺"这些包含各种生活技能的训练以达到教养的目的。这也即后来佛家所说的"转识成智":知识的训练要转化为生活的智慧,生活的技能要转化为生命的"觉悟"。证诸于中国的古典教育,无一浸透着这一"转识成智"的人文教化的伟大原理。

其实,注重人文教化也是古今中外哲人的共识。约与孔子同时期,古希腊的学问也提倡"七艺":语法、修辞、逻辑、数学、几何、音乐、天文。学习这七艺,是为了让人懂得这样一个道理:人活在世上,除了要有衣、食、住、行的需要之外,更重要的是还要有精神生活。而七艺的学习,正是为了向人提供与敞开一个精神的世界。

人之所以需要精神世界,是由人之追求幸福这一本性所决定的。动物无所谓幸福,只有快乐可言,因此,我们看到:非洲草原上的雄狮

---

① 《论语·雍也》。

吃了就睡，睡醒就吃，解决饥渴与肉体的休息就是它生活的全部内容，这些生物本能的需要满足了，它就会快乐。对于动物来说，这容易理解，但对于"人"来说，追求生物性的满足远不是他的生活目的；毋宁说，他的肉体生命之所以存续，是为了实现生命的另一个更大的目标，即拓展其精神的生命。从这种意义上说，人是为其精神生命而活的。说起精神生命，有人以为这是相当神秘的事情，或者只是衣食住行等基本需要都已经解决了的某些人士的话题。其实，这是对"精神"一词的相当严重的误解。"精神"一词，古希腊语写为"psyche"，它又解作"蝴蝶"的意思。精神怎么可以会与蝴蝶联系在一起的？原来，蝴蝶在花丛中飞来飞去，给人以美好与自由的想象，而精神正如同蝴蝶那样，是不满足于只停留在地面上的，它总希望能"飞"起来，而精神生活的领地正如花丛一样，为想飞的蝴蝶提供了飞的场所与空间。从这种意义上说，"人是制造工具的动物"仅点出了人的维持生物性生存的一面的特征。关于人的真正定义应当是："人是精神性的存在。"

我们看到：在人类文明史上，人类发明了各种各样的制作，用之于实现与满足人类的精神性的需要者，要远远大于其满足生物性需要的东西。这只要到市场上或城里百货店走一趟，就可以印证这一道理：人类对于满足精神性需要的种种"玩艺"，远远要比用之于衣食住行的基本生存的东西多得多；而且，迄今为止，我们人类已生存于一个将衣食住行等基本需要也"精神化"的社会之中。正因为如此，我们日常生活中的种种活动，包括吃饭、睡觉、娱乐，以及工作，同样是为了满足其精神性的需求，而不可简单地理解为仅限于满足生物性生存或存活的需要。

人类之追求精神生活的满足，是因为精神领域是一个可以无限延伸的世界。人类需要消耗的用以满足基本生存的物品终究是有限的，而只有供人类精神享用的东西或许才是永难满足的，这是因为人类的精神生命追求的是创造和新奇，这是人的精神生命的本性。而创造与求新意味着不断变化，从而精神生命不断地创造、求新，新奇的东西尽管不断出现,还是不能满足它;于是,创造、求新,不断创造、求新,人类的精神生命就在这不断的追求创造与变化中延续自己。在这种意义上,人的精神生命其实是创造与探索新奇的同义词,而正是在这种创造与探索新奇的过程中,人的精神生命得到了极大的快乐。这种快乐,也就是我们所说的幸福。看来,幸福不是其他,就是人类在从事精神活动中体验到的快感与欢乐而已。

二、作为艺术品的人自身

然而,在人类创作与制作的种种艺术品当中,有一种艺术品是最能体现人类之创造力的,而人也正是在制作这种艺术品的过程中,体现到人之为人的尊贵与伟大,而由之而来体验到的幸福,其快感也是远超出于其他诸种艺术创造与制作之上的。这种艺术品,就是人自身。

人类不仅能将自身作为审美对象,而且能将自身作为艺术品来加工与经营,这简直是宇宙进化中的奇迹。而在对人自身进行审美塑造与加工的过程中,人类愈来愈注重人的精神品格的塑造。这是基于如下事实:人知道他作为自然界中的一员,在体能与外形方面,实在无法与其他物种相比。比如说,自然界中不少动物,如斑马、孔雀,其在外形与形态上就比人类要美丽得多。因此,人类要从审美的角度与其他动物或生物相媲美,唯有在精神与品格方面胜出,因为只有这才是自然界中任何其他物种所没有的。不仅如此,人要千方百计地斩断他从动物进化过来的这一历史"印痕"。他发现,要让人从根本上不同于其他动物,唯有从人格上完善自己。于是我们看到,从公元前五百年前后的"轴心时代"开始,人类各大文明的圣哲们不约而同地提出了这么一个问题:"人是什么?"而他们的回答都是:人是可以"教化"的动物。于是我们看到了刚才前面的一幕:无论是中国先秦的孔子、老子,还是古希腊的苏格拉底、柏拉图,还有以色列犹太教的先知们,以及印度的释迦牟尼,都发布了关于人"应当"是什么的"先知书"。如果说学会制作工具是人从猿进化过来跨出的第一步的话,那么,人作为人之"成形",却是从人类接受古典时代的先知们关于人应当是什么的预言开始的。这也是各大文明有意识地将人作为艺术品来加工与经营的活动的开始。

人类古典文明的这种思想遗产被后代的人们所继承。中古时期,对人类精神品格之讴歌成为时代的主题。当然,在西方基督教世界,人的精神是以上帝作为"原型"来加以模仿与塑造的,因此,对上帝的赞美其实也就是对人类精神完美的期盼与赞美。到了文艺复兴时代,对人的精神雕塑不再以上帝为原型而转向人自身。这时候,对人之个体在品格与精神上的潜能的歌咏一时成为时代之风尚。文艺复兴时代人文艺术以及其他领域诸多巨人的产生,可以说都与这一讴歌人的精神伟力的时代风尚有关。

在中国中古时期,也曾出现了如同西方文艺复兴那样将人作为艺术品来审视与歌咏的时代,这就是"魏晋玄学"时期。《世说新语》中那些描绘人的精神美的文字,至今读之教人留连:"中散下狱,神气激扬",①"王右军见杜弘治,叹曰:'面如凝脂眼如点漆,此神仙中人,'"②"李元礼风格秀整,高自标峙",③"武王恣貌短小,而神明英发",④"羲之风骨清举也"。⑤ 对于魏晋人生来说,人是彻头彻尾的艺术品。换言之,人是作为艺术品才存活的。这就是为什么嵇康临刑前仍意气风发,当刑官问他还有什么后事要交代的,他只浩然一叹:"《广陵散》于今绝矣!"是的,肉体生命在某种场合下是微不足道的,而唯有人的审美精神与艺术生命才是不可释怀的。

---

① 江淹:《恨赋》。
② 刘义庆:《世说新语·容止》。
③ 刘义庆:《世说新语·德行》。
④ 刘义庆:《世说新语·容止·刘孝标注》
⑤ 刘义庆:《世说新语·赏鉴》。

三、"人的解放"？

然而,自近代以降,人类古典时代以及中古时期将人作为艺术品来讴歌与经营这一主题受到了挑战。历史学家将近代称之为"人的解放的时代"。然而,何为"人的解放",对于这一命题的确切含义有必要重新加以追问。假如说人的解放是指人的生物性本能的解放与张扬的话,那么,将一部近代史称作为人的解放史的确是切中了主题。然而,人的生物性的本能的释放,果真就称得上是人的解放吗？可以看到,人类的近代历史进程,正是在大张旗鼓地鼓动人的肉体生命的解放的旗帜下进行的。人的全部发展与解放固然包含有人的生物性本能的解放与肉体生命的解放的内容,然而,它远非人的解放的全部内容,更不是人的解放的确切含义。人的解放的真正含义应当是人的生命潜能的全部解放。而人的生命潜能之最重要部分或内核,不是人的肉体,而是人的精神。是人的精神维度的内容,才构成人之为人的"本体",从这种意义上说,人的解放只能是人的精神生命的解放。假如

离开了人的精神生命而侈谈人的肉体的解放,那么,其结果所造成的,恐怕远非是人的解放,而只能是"人的异化"。这种人的异化是早期马克思,也包括当今法兰克福学派等社会批判理论一再阐述的主题。

近代以来对于"人的解放"这一命题的误置,其给人类文明带来的严重后果尽人皆知,当代人类面临的苦难都与这一近代人的错误观念息息相关。也正因为如此,当今不少有识之士站在新的时代的高度

上,已对近代文明进行了痛彻的反省与批判。然而,迄今为止,人们对近代文明的批判许多还是就事论事的,甚或打错了"靶子",将近代以来人类经受的灾难归咎于人类之过多地追求幸福。

应当说,追求幸福是人的本性,假如否定了人追求幸福的权利,也就等于否认了人类的生存。因此,追求幸福这一自有人类以来就有的主题,是无论如何都否认不了,而且应当坚持。但是,近代以来人们之追求幸福却走了一条错误的路线。为此,有必要正本清源,返回到幸福一词的古义,将人类追求幸福这一行动重新确立在正确的目标之上,这才是今天人类的出路,也是当今人类能获得幸福的必由之路。

第二节 人格与审美

一、人格之美

审美是人的天性,人希望人自身是按照审美的标准来塑造的。然而,审美包含多层次的内容。迄今为止,人们之所以难以对美下一个确切的定义,是因为美实在是太复杂了,其内容太丰富了。就人而言,从形态美到内在美,从装饰美到本然美,从人自身之美到人类制作物之美,从物化美到抽象美,如此等等,都可以纳入美的内容。那么,与人类幸福有关的美,到底是什么呢?应当说,以上这种种美,都与人类之幸福相关,但仅仅有这些,并不一定获得幸福。在对美的分类中,有一种美是与人的幸福关系最为密切的,甚至成为人能否获得真正意义上的幸福的"第一原素",这就是"人格之美"。也正因为如此,古往今来的圣哲,都将培养或增进人格作为获得幸福的不二法门。

何为人格?人格,英文作"personality",它的意思是人所具有的人之为人的特性。故人有人格乃为"人",否则便与其他动物、其他东西无异。人格之所以是审美意义的,是因为,造物主创造出大千世界,这当中有这这那那,形形色色的动物、生物、无生物,而人也是其中一"类"。这些事物或东西之以此种类而非彼种类的方式存在,一定有其区别于其他物种之形态与特性,否则它便不是这种事物而是他种事物。而大千世界正是因为有了这些形态、性质各异的事物,方才显得色彩斑斓与丰富多彩,大千世界从而也才获得了审美的意义。这就是庄子所说的"天地有大美而不言"。否则,世界将变得异常地单调而毫无美感可言。而在天地万物中,唯有作为灵长物之首的人,又以其远超于其他任何生物、动物之特质而成为宇宙进化中的"奇葩",甚至由于其不同于其他生物的存在特质而成为可以"与天地参"的"三才"。也正因为如此,人类对宇宙世界之审美,其实是围绕着人而展开的,宇宙因为有了人,才呈现它的美;而对于宇宙美之欣赏,亦展示出人之美。

那么,人之具有的作为人之为人的特性,并且远超出其他生物的根本特质到底是哪里呢?显然,不是人的体态,也非人的体能,甚至也不是人在感觉方面的发达。无论在体态、体能或者感官的敏锐度方面,人都无法与其他许多动物、生物相比。而人唯一能超出其他生物的方面,是他具有"精神"。精神不是指人的大脑皮层神经方面的活动,也不是指人的心理活动,而是一种人类才特有的意识活动,它是超越于任何一种生物的脑神经活动的内容的。之所以说精神为人类所特有,而其他动物所欠缺,是因为人的精神指向一个人才具有的"精神世界"。人类的精神世界范围广大,包括认知、审美与道德方面,假如说从宇宙进化的连续性来看,动物也具有认知、审美与道德意识的"胚芽"的话,那么,人与其他动物在这三方面却存在着一个重大差异:"人为自然立法。"所谓人为自然立法,是说人无论在认知、审美与道德意识这三者当中,都贯穿着"应然律"这一法则;而其他动物对自然世界的认知也好,审美也好,道德意识也好,却只是一种"实然"。就是说,人是在能动地改造自然(包括人自身)的过程中形成与发展出其认知、审美、道德能力的,而其他动物只是在被动地适应自然的过程中产生其认知、审美与道德意识。故可以说,人的精神世界尽管范围广大,但可以一语概之:是一个"应然"而非"实然"的世界。所以,人与其他动物的根本区别点也就在于:人具有一个应然世界,而动物只有一个实然世界。

因此,在某种意义上说,人是按照其应然而非实然的标准来看待世界与衡量人自身的。所谓人格不是其他,就是人按照应然的标准对人自身设定的看法与要求而已,符合此应然标准的,方才谓之人,否则就与其他动物无异。

那么,什么是人的应然的标准呢?关于人应当是什么的看法有许多,但我们看到古今中外的圣哲,在这个问题上,都不约而同地将"德性"视之为人的标准。这里所谓德性,不是指某个历史时期或者某种社会中制定的具体的伦理规范与要求,而是指具有普遍性的、适用于所有人的一种共同道德品格。可以说,它是一个超越具体历史与地域的概念;而具体的社会伦理道德,不过是这种普遍的人之德性于特殊的具体时空中的展开方式而已。因此,当我们谈论人之道德品性时,不能仅着眼于某一时地中人们所遵循的社会伦理道德内容,而应当从作为人之为人的普遍德性出发。也正因为如此,历史上真正的道德先知,其发布的道德律令与其说是针对某种具体社会伦理道德要求,毋宁说是应当贯彻于所有人类社会中的共通的道德德性。

这些普遍的人类德性,虽然根据具体的社会环境与道德实践,它们经常体现或表现为教导人们应当如何行事的伦理道德律令,其实,由于它是从人的应然律出发,而非针对某个或某时的具体社会要求,这种从人的应然律出发对人的道德要求,其实就是"人格"。这种普遍性的人格是具有审美意义的。或者说,对于人格来说,其道德意义与审美意义是集于一身的。人正是由于遵循这些道德律令行事,方才显示出做人的高贵与尊严。而对这做人的高贵与尊严的体验,具有精神审美的意义。当一个人对这种高贵人格有着深深的审美体验时,他就会从内心由衷地感受到幸福。

二、幸福的人格标准

(一) 自尊

道德人格的内容广泛,而道德人格确立的前提,是对个体能够成就道德能力的肯定。因此,人格的首要标准是自尊。

自尊是对个体主体生命的尊重。人作为宇宙万物之灵不同于其他任何动物、生物,乃因为他是宇宙间唯一能对宇宙采取审美观照的个体。离开了人,世界无所谓价值与美。价值与美,是由于有为自然立法的人作为主体而诞生的。故个体之所以值得尊重,乃因为是他将价值与美赋予了这个似乎是冰冷的世界。价值、意义世界与审美世界确证了人之伟大,而作为价值意义与审美之担当者,人应当为此而感到自豪和骄傲。

自尊意味着自重。所谓自重,是指个体不应辜负了人作为审美主体的创造能力,而应当在生命的实践过程中将它体现与展示。一些人由于没有对于主体能力的自觉,将自己等同于宇宙间其他动物和生物;对这些人而言,由于他只有动物性或生物性的世界,是无法感受到精神世界之伟大与美的。这种人自然与幸福无缘,因为真正的幸福是属于精神世界的。对个体生命的尊重还表现为尽力维持与呵护个体生命的精神性禀赋。虽然每个人生来都有感受与体验精神世界之价值的美的能力,但在现实生活中,我们每个人因受到种种的限制,这些能力不一定得到发展,在很大程度上被埋没乃至于"异化"。这种人无疑是错失了本来可以享有精神幸福的机会。对此,我们会感到可惜。故而,所谓自重,就是要千方百计在现实的境遇中保存与发展个体的这种精神性审美能力,毋让其枯萎。

总之,尊重和呵护个体对精神世界的感受能力,是体验与享受精神幸福的前提条件;也是作为个体的人,人与人之间在体验幸福方面的差异形成之主观因素。这也就说明:一个人能否获得幸福,并非是由先天所决定。一个人的生理条件在颇大程度上有先天的原因(如肉体之先天性残疾),但从来没有听说一个人的精神幸福是由先天所决定的。这是因为,先天只可以决定个体的生物性基质,而一个人的精神性素质在颇大程度上是由后天所决定的。这所谓后天决定,并非是由后天的生活环境与人生境遇所决定,而是说由我们每个人的后天努力——对精神生命的重新塑造所决定。正由于我们每个个体的体验和享受幸福的能力由我们每个个体的后天生命所决定,我们才应为这种个体生命的后天可塑性感到自豪与自尊,不是辜负它而是珍惜它,并且要将它在我们的个体生活实践中成形。这就是个体之自尊与自重的含义。

(二) 爱的能力

对个体生命的自尊、自重只说明了个体具有感受与体验幸福的能力,我们应当千万百计保有它而不使其丧失。然而,这种幸福能力能否展现出来,还同我们个体的另一重要精神维度——爱的能力有关。

所谓爱的能力,就是爱他人、爱万物,对个体生命之外的一切具有一种"博爱"或"泛爱"的能力,这也即古人所说的"仁爱之心"。我们每个人生来就具有爱的这种生命本能。但是,在现实生活中,我们由于种种的限制与境遇,这种爱的能力大大地打了折扣,甚至于是被剥夺了。事实上,一个人在现实世界中能否享受或体验到幸福,与这种爱的能力息息相关。因为从究竟义上看,真正的幸福感是只有在个体与万物"同体"后才能达到的。而所谓与万物同体,表现在个体主体上,就是对他者之爱。这种他者之爱不止是从"我"的立场上替他者的利益考虑,而且还包括切身处地地替他者着想:假如我是他者,我会如何想、如何做?人只有在保有这种爱心时,他才会感受到他与世界万物是联成一体的。当然,对他者的爱心既然表现于生命实践的方方面面,那么,它是事无分大小,地无所南北,而可以随时随地地呈现与实现的。由此可见,爱对于个体幸福之实现来说是何等重要;而爱的能力之缺失或被剥夺对幸福之实现来说又是一种何种残酷的事实!

由此,我们也可以窥见通常的快乐与幸福之间的不同:快乐通常是可以给予的,一个人尽管心情不痛快,但在某种场合下,由于外在的原因,这种不良心境会转移;可是,幸福呢?假如一个人处于爱的匮乏状态,那么,无论外部条件如何改变,他始终都难以体验到真正的幸福。因为精神的幸福是个体与外物的合一才能完成的,与其说是由外物所决定,毋宁说是取决于主体是否具有与外物合一的能力。所谓与外物合一只是抽象的说法,就具体的、感性的个体来说,它其实就是一种爱的能力。可见,对于个体能否获得幸福来说,主体的爱的能力是第一位重要的。由此,对于我们每个想追求幸福的人来说,或许是找到了通往幸福的"钥匙"。假如我们希望获得真正的幸福的话,那么,我们唯一可做的,就是培养与发展我们的爱的能力。其实,这也并非"耸人听闻"之论。在日常生活中,我们可以发现:凡体验到真正幸福的人,大凡都是具有爱心之人;反之,没有爱心或爱的能力被褫夺了的人,是很难体验到幸福的。

(三) 感恩

由于造物主赋予了我们每个个体具有体验与享受幸福的潜质与潜力,而且创造了世界上万事万物,使我们的幸福具有了真实内容与具体指向,为此,我们应当对造物主的这种赐予表示感恩。所谓感恩有两种含义:一种是接受了对方的恩赐,要通过某种行为或行动来表示回报,这种感恩是通常意义上的。还有一种感恩是指在接受了对方的恩赐之后,感受到这种恩赐是如此之大与如此之重,以至于感到任何行动与行为都无从报答,从而只能将这种恩宠铭记于心。正因为恩宠如此之大之深,因此我们必须报答,但又正因为恩宠实在太大太深,我们根本无从报答。在这种情况下,一种生命的谦卑感油然而生。故真正的感恩不是其他,而是一种人格答谢方式:当极大的恩宠降临时,由于恩宠之大使我们无从报答,它使我们个体的生命发生了人格的改变,使我们感受到生命的谦卑。

这种生命的谦卑感正是个体幸福感产生的内在源泉。生命的谦卑感与生命的狂妄感是不同的。生命的狂妄感感觉的是个体生命的无所不能;但事实上,人的个体生命作为有限性的存在并非是无所不能的,因此由生命的狂妄感所导致的必然是由于个体愿望的无法达到而引起的屡屡失望,处于这种失望与挫折状态下的个体心理是很难获致幸福感的。而生命的谦卑感由于感觉到个体生命的无力与渺小,虽然如此,但这渺小的个体生命却承受了来自他处的恩典,因此,个体只能以"谦卑"的方式对恩典作出一种人格答谢。而在这种答谢方式中,他体现到并且接受了生命来自于他方的关怀与恩典,从而产生一种他与恩典者之间密不可分的感情联系;而当他体会到他与恩典者之间的密不可分关系时,幸福感就降临于他了。感恩可以是在得到他人的恩典的时候产生的,而最大的感恩是对"造物主"而言的,因为最终是造物主赋予了我们个体以一种能够感受他者之恩典的能力,从而能够体会到他与他者(外部世界)是密不可分的。

故而,当一个人对造物主赋予他的体察与体验与外部世界合一的能力产生感恩之情的时候,这个时候,也只有在这种时候,他才会体验到一种类似于"奇迹"降临于他般的难以名状的幸福并为之感动。这是一种接受了幸福生命之恩典之后出现的心理体验。这是一种类似于具有宗教信仰的信徒在蒙受神的恩宠时,由于感念"神恩"时会体验到的幸福。而我们每个个体在生命的某个时刻或某些时段,也会体验或感受到这种如同神恩般降临的幸福。这种对恩典之难以报答甚至使人感到生命的"幸遇"。当然,生命的"幸遇感"与庆幸生命中出现了奇迹的"幸运感"是无缘的,与生命中碰到令人意外的惊喜的"侥幸感"也不同。无论是幸运或者侥幸,作为当事者本人来说,是不会对这

些生活中的幸运或侥幸事件的未来发生抱有多大希望的。而唯有感恩中出现的幸遇感不同:感恩者是希望他曾经尝试过的恩典以后会再降临于他的。因此,与生命的幸遇感相伴随的,其实是对于恩典的再次降临的渴望。也就是说,他不仅体验到这种恩典降临的当下幸福,而且是希望恩典会再次遇见与来临的。而这种对于恩典的渴求,不仅会使过去的恩典成为一种幸福的怀念与记忆,而且会给生命带来恩典之祝福。因此,他拥有或可以支配的幸福是双倍于当下的幸福感的。

由上可知,人能否获得幸福,在多大程度上获得幸福,以及其感受到的幸福之强度与深度多大,在很大程度上是由个体的人格所决定的。在个体的人格结构中,包含着:(1)个体的自尊;(2)爱的能力;(3)感恩之心。这三原素在个体的人格结构中处于不同层次,一方面,它们分别发挥着不同功能;另一方面,它们彼此之间又相互支撑,共同形成一种合力,从人格上为个体的幸福提供保证。

从这种意义上说,所谓人是有待于完成的艺术品,主要是从人格的完善方面来说的。这其中,道德人格是至为重要的。一个人是否获得幸福,不取决于外部世界与环境,而是由我做主。这里的"我",是作为道德主体与美好人格之我。当一个个体以美好人格的方式呈现于世界时,他自然而然就会获得真正意义上的幸福。

第三节 幸福感之分类

一、生命类型

人通过对世界以及自身的审美观照可以体会到幸福,但是,对于不同的人来说,其体验到的幸福却有不同。比方说,春日西湖苏堤漫步,有人感受到的是微风拂衣带来的生命之喜悦,有人却为眼前柳絮飘舞之视觉景象所沉迷。同样是探访黄山胜景,有人爱攀援悬岩绝壁,有人则选择曲径通幽。这也正如有人爱在与风暴之博击中去体验生命之奇伟与动感,也有人愿徜徉于风和日丽中享受生命的自然流畅与安详。这说明:对幸福的体验与感受,其实是可以划分为生命类型的。

席勒在谈到审美划分为不同的生命类型时说:"美是从两个对立冲动的相互作用中,从两个对立原则的结合中产生的,因而美的最高理想就是实在与形式尽可能最完美的结合和平衡。但是这种平衡永远只是观念,在现实中是绝对不可能达到的。在现实中,总是一个因素胜过另一个而占优势。……经验中的美则永远是一种双重的美,在摇摆时可以以双重的方式,即从这一边和另一边打破平衡。"[①]这两种美,席勒又称之为"溶解性的美"和"振奋性的美"。它们给人所带来的幸福体验是不同的:前者使人感受到生命与世界的和谐与优美,从而处于安闲、沉思的心境体验之中;后者使人感受到生命与世界的动感与对抗,从而使人精神振奋。可以看到,席勒所谈的这两种美,刚好对应于康德所说的两种美:优美与壮美。[②] 只不过,优美与壮美之划分,着眼于美之形式,而溶解美与振奋性的美,则是从个体的审美方式

---

① 席勒:《审美教育书简》,上海:上海人民出版社,2003 年,第 128—129 页。
② 同上书,第 131 页。

立言。

按照席勒的观点,这两种美不仅给人带来的幸福体验(优美与壮美)不同,而且它们源自于人的两种不同的审美冲动——感性冲动与形式冲动。所谓感性冲动,来自人的物质存在或感性天性,这种冲动渴望变动、新奇,与通常的"秩序"相对立;所谓形式冲动,来自于人的绝对存在或天理理性,它追求有序、和平与永恒。[1]"感性冲动要从它的主体中排斥一切自我活动和自由,形式冲动要从它的主体中排斥一切依附性和受动。……因此,分别冲动都须强制人心,一个通过自然法则,一个通常精神法则。"[2]

二、内倾与外倾

席勒所说的审美的感性冲动与理性冲动,从心理机制来说,是由于在审美过程,"心灵能"的流向不同所致。按照荣格的观点,心灵能是使人格得以活动的一种能量。有时候,荣格也用"力比多"一词来称呼这种形态的能量。但不可将荣格的力比多概念与弗洛伊德的力比多概念混为一谈。对于弗洛伊德来说,力比多是一种性的能量,而荣格的力比多是种种欲望——饥饿、性,以及各种情绪的要求与渴望。在意识之中,力比多显现为奋斗、意愿与追求。荣格还指出:心灵能总处于活动或流动的状态,但其流向有"外倾态势"与"内倾态势"的不同。心灵能被导向有关客观外部世界的各种象征之中;在内倾态势中,心灵能则流向种种主观的心灵结构及机能。[3]

从荣格划分外倾与内倾态势的人格动力学概念出发,我们可以建构起一门"幸福人格的动力学"。所谓"幸福人格的动力学"就是从"人格"的角度对"幸福"如何可能进行分析。一旦引人荣格的有关人

---

[1] 席勒:《审美教育书简》,上海:上海人民出版社,2003年,第95页。
[2] 同上书,第114页。
[3] 卡尔文:《荣格心理学纲要》,郑州:黄河文艺出版社,1987年,第100页。

格动力学的理论,我们发现,通常人们之所以会对某种事物更感兴趣或者更容易产生幸福感,是由其心灵能的流向不同而导致的。当心灵能表现为外倾态势时,人容易对外部的感性世界发生兴趣,这种人的幸福感往往由外部事物的刺激引起;当心灵能以内倾态势形态出现时,人对自身内部的心灵世界中的影像或"原型"发生兴趣,这时候,他的幸福感往往源自于对内心世界的体验或反省。可以看出,荣格所说的外倾态势与内倾态势分别与席勒所说的感性冲动与形式冲动相对应。或者说,席勒所谓的审美的感性冲动与形式冲动,其实是由心灵能的外倾态势与内倾态势所引起。不同于席勒的地方在于:荣格的人格动力学不仅揭示了审美的心理机制,而且由于立足于作为审美主体的人格与心理活动的分析,更加突出了审美与心理感受(幸福感)的内在关联。因为所谓幸福感,从心理分析的角度看,不过是心灵之能量得到宣泄,这种心灵能尽情地以得以宣泄了,作为情绪体验的主体的人便会从心理与精神上得到满足,此即通常所说的体会到"幸福感"。

三、外倾型

人的心理活动不仅以态势的形式呈现,而且表现为机能。荣格将心理机能分为四种:思维、情感、感觉与直觉。[①] 这同样有助于解释人的不同的幸福感之成因。所谓不同的幸福感,是指不同的人对不同的事物发生兴趣并会从中找到乐趣或获得幸福感。比如说,有人喜欢旅游,在观赏大好河山时体验到幸福;有人喜欢交友,在与人谈天时获得极大心理享受;更有人对书本发生浓厚兴趣,沉溺于书中的世界才会快乐,等等。其实,这些不同的幸福体验是与人的以上四种心理机能联系在一起的。

将荣格所说的外倾心理态势与四种心理机能相结合,我们发现人

---

① 卡尔文:《荣格心理学纲要》,郑州:黄河文艺出版社,1987年,第102页。

的幸福人格可以划分为如下类型：

外倾情感型。情感作为心理的一种赋值功能，是事物或观念在人的心理中引起的愉快或不愉快的感觉，而这种愉快或不愉快，即我们通常所说的幸福与否的感觉。但对于外倾情感型的人来说，他（她）对外部事件或情境的感受是敏感的，任何外部情境的稍许变化都会引起他的情感上的很大变化，而且这种情感的表达方式是激烈的。故而，外倾情感型的人对于幸福的体验具有一种强烈的感情介入的性质。他们感情奔放，情绪激烈，尤其幸福感的体验容易受周围环境与境遇的左右与影响，他们对于事物的幸福感受也常常会波动很大，甚至于喜怒无常。外倾情感型的人容易对时尚的东西发生兴趣，其审美口味符合习俗的标准。按照荣格的观察，外倾情感型为女性为多见。我们在生活中观察到，不少女性喜欢逛商场、采购时尚物品，并且在这种购物活动中体验到乐趣与"幸福"，大概与她们的外倾情感型心理机制有关。

外倾感觉型。但人的幸福感不仅由情感所发动，而且与感觉活动有关。人对事物的感觉来自他的外感觉器官与内感觉器官，其幸福感的产生也与感觉器官接受到的刺激有关。对于外倾感觉型的人来说，他们的兴趣在于积累关于外部世界的种种事实；他们是现实的、有求实精神的、精明而讲究实际的人。对于事物存在的意义是什么，他们并不特别感兴趣，认为世界就是感觉器官所经验到的这个样子，而无意于对世界之真面目作更多的思考。他们会被眼前的感觉刺激所迷惑，并在各种声色耳目的感觉刺激中寻找到快乐。正如荣格所说的那样，对于外倾感觉型的人来说，"他的目的是具体的享乐，他的道德观念也有同样的倾向。因为真正的享乐具有它自己特殊的道德，有它自己的节制和法则，有它自己的无私性和忠实性。他的耽于淫欲和举止粗鲁绝不会发生，因为他可能把它的感觉调整为纯粹审美的最佳音响，甚至在他最抽象的感觉中，也不会对他的客观感觉原则有丝毫的不忠实"。① 可见,说外倾感觉型的人喜欢寻求感官刺激,不等于说外倾感觉型的人不会思考问题,而是说他总是倾向于从外部事物的感觉方面来寻求问题的答案与解释。显然,在现实生活中,我们发现,外倾感觉型的人以男性居多。对于大多数男性来说,他们的幸福感更多地是基于感觉器官的满足而非其他。

外倾直觉型。直觉也是生命获取幸福感的心理机能之一。直觉与感觉不同:感觉获得的幸福感是可以通过指出刺激的源泉来加以解释,而从直觉中得来的幸福感却是"蓦然"出现的。换言之,当具有直觉的人体验或感觉到一种幸福感的时候,他却无法说明其原因,甚至也不知道他的幸福感是由何种东西引起的。当有人问有直觉经验的人,他为什么会感到幸福时,他只能回答说:"我心里感觉到了",或者说"我就是知道"。直觉有时也被称为"第六感觉"或超感官知觉,因此,从直觉得来的幸福感也可以说是一种"超感觉的幸福"。但直觉幸福可以有外倾与内倾两种。对于外倾直觉型的人来说,其直觉倾向于客体,或者说,其直觉的发生依赖于外部环境。这种对于外部环境的依赖与外倾感觉型对外部环境的依赖不同,它无法在一般的现实价值中找到直觉者,却总是出现在可能性的某个地方。"他对那些具有远大前景而尚处于萌芽状态的事物具有敏锐的嗅觉。他从来不跻身于那些虽然价值有限但却被公认稳定的、长期建立起来的环境中,因为他的眼睛总是不断停留在新的可能性上,而稳定的环境具有一种迫在眉睫的令人窒息的气氛。"② 从荣格对外倾直觉型的人的心理机能的描述中,我们可以知道:外倾直觉型的人总是孜孜不倦地追求新的可能性,他的目标是在对外部世界的未知领域进行探索。不过,一旦追求到手,他们却不能保持对于事物的永久兴趣。可以说,按部就班的活动会使他们感到厌倦,他们的幸福感来自于对新鲜事物的好奇,而

---

① 荣格:《心理类型学》,西安:华岳文艺出版社,1989年,第441页。
② 同上书,第446—447页。

难以在一种固定的活动或事情中获得快乐。这也不是说他没有对事物的评价或道德判断,而只是说他的道德观不受理智的管辖也不受情感的控制,而在于他对直觉观念的忠实与自愿服从。由于外倾直觉型的人具有窥探外部世界的可能性的心理特质,因此,他会从外部世界的多样性与变动中感受到幸福。无论在男性或女性身上,我们都可以发现这种具有外倾直觉型的心理类型,而在某种女人身上表现得更为明显。

外倾思维型。思维也可以视作幸福感的心理机理。作为认知活动,思维的特点是寻求对于事物或事情真相的理解或了解。就心理活动而言,思维有两个源泉:其一是由感官知觉所接收的客观事实,其二是认知主体的无意识根源。外倾思维型的人,其对于事物的认识,更多地是受前一个因素所限制或决定的。不仅如此,作为心理类型,具有外倾思维型的人更容易从对外部事物的观察与研究中发现生活的乐趣。或者说,他们是一群以探索外部世界的规律为生命之寄托并从中获得幸福感的人。科学家无疑是这种心理类型的典型。对于科学家来说,他的生活目的与理想就是理解自然现象,发现种种自然规律及理论公式。最为发达的外倾思维型是像达尔文和爱因斯坦这样整天沉醉于科学发现中的人。同样,不能说外倾思维型的人不关心价值或者无视精神,但对于他们来说,价值或精神世界也应当像自然世界一样不受个人情感的影响,具有客观的规律与必然性。逻辑实证主义的理论可以说是这种外倾思维型的最好哲学注解与诠释。

四、内倾型

但人的心理机能除了从外倾角度分为四种类型之外,还可以从内倾方面来划分。结合不同的心理机能,它们同样有四种类型:

内倾情感型。与外倾情感型一样,内倾情感型的幸福感也由观念或事物所引起的愉快或不愉快的感觉来决定;与外倾情感型不同的

第二章 人是有待于完成的艺术品

是,外倾情感型爱夸饰或喜欢表达自己的情感,而内倾情感型则将情感藏匿起来,不容易表露。重要的是:面对着某些可能使人迷惑或容易唤起热情的东西,这种类型的人常常却会表现得不温不火,甚至于显得不屑一顾。但这并不表示这种人缺乏情感与热情,只不过,这种情感的客体通常是潜埋于无意识之深处的,潜藏着的这种情感的真正客体会以对日常世界中的某些事物予以模糊化与神化的方式得以表达,因此,它会赋予某些世俗事物以一种隐秘的宗教情感,或用一种表面平淡的诗歌形式来诉说它的情感。但内倾情感型的人的情感却可能是异常强烈的,深埋于内心的这种炽热情感一旦爆发,却往往不可收拾,而且其对这种发自于内心的情感体验也异常地深刻,其幸福感由于触动了其无意识中的无明而异常地强烈。被这种内在的幸福感所震撼的人,有时由于处于强烈的幸福感之中而无法自拔,往往会做出一些令常人感到费解或惊愕的事情。具有内倾情感型特征的行为通常会在某些具有独特精神气质的女性身上呈露出来。

内倾感觉型。感觉通常指由外物对人的感觉器官的刺激所引起的心理反映,但感觉也可以以内倾的方式得以表达。这是因为感觉的形成有感觉主体的主观因素在其中起作用。而对于内倾感觉型来说,其经由感觉器官造成的心理体验,其根源却不在外部世界,这是因为从心理机制来说,内倾感觉型是将感觉主体的主观意向直接导向或投入到客体的刺激中去,于是,感觉器官接受到的信息或刺激只是主观意向的投射或影子。内倾感觉型的人远离外部世界的种种事物,与自己

59

的种种内心感觉相比较,他认为外部世界是平庸、乏味的,而沉溺于他自身的种种内心感觉。但这不意味着内心感觉型的幸福感不需要外部的感官刺激,而是说当外部的感觉刺激一发生,它立即被主观印象代替了,而这种主观印象并不反映客体的真实存在状况。故内倾感觉型的人其实是从内部印象而非外在客观事物中获得其幸福的感觉。由于其内心感觉到的东西并非客观的真实,因此,内倾感觉型的人对事物的看法具有一种与客观真实相关的幻觉的性质,并在行为上表现一种非常离奇、古怪的特征。内倾感觉型的人在现代社会中并不多见,但是,在关于古代社会或原始部落生活的记载中,却发现有不少这种人格的类型:对于古代社会来说,巫术是盛行的。对于巫术与巫师来说,个体主观感觉到的世界同客体的现实相疏离,而直接地把他推向自己的主观感觉,这种主观感觉使他的意识与世界按照一种原始真实性建立起协调的关系,在那里,人、动物、山河大地都是一半像仁慈的神、一半像邪恶的魔鬼的存在,而内倾感觉型的人正是在这种主观幻觉化的世界中寻找或发现到令人沉醉或幸福的事物。

内倾直觉型。通常直觉是对外部世界或事物的直觉,属于知觉范围。但对于内倾直觉型的来说,其对外部世界的感觉与理解完全是从属于内在的直觉的。这种内在的直觉使他的感觉与外部事物相疏远,以致在他(她)所接触的生活圈子中,他甚至会成为一个谜一样的人物。就是说,通常人们对他的思想观念,乃至于行为方式感到难以理解。正如荣格所说,内倾直觉型的人假如是一个艺术家的话,他就会在艺术作品中表现出一些超凡出俗的东西,并且这种艺术的大量彩虹色的神圣光环既包含了有意义的东西,又包含了琐屑无聊的东西,既包含可爱的,也包含了怪诞的,既包含狂妄的,又包含崇高的东西。如果他不是艺术家而是凡人的话,那么,他就通常是一个得不到赏识的天才,一个"投错娘胎"的伟人,一个聪明的傻子,并成为"心理"小说中主角的标本。内倾直觉型的人尽管思想与行为古怪,并不等于他心目中没有道德观念。只是他对道德问题的思考源于他的想象,所以他的道德行为通常会变得与世俗的道德标准相差甚远。并且,他还拒绝接受现实中的任何影响,因为他总是将自己禁锢于晦涩难懂的迷雾之中。他的语言也不好懂,变得太过主观,他的辩论缺乏令人信服的理由,他在毫无办法的情况下,只得承认或宣称他说的话是"荒野中的呐喊"。虽然我们将这种人格也归入于"幸福的人格类型"当中,其实,由于具有这种人格特征的人的思想与行为方式常常与他人以及外部世界格格不入,加之其精神气质的异常敏感,与其说他们在现实生活中感受到幸福,不如说更容易感受到"痛苦"。由于在某些艺术家身上可以见到这种人格的典型展示,也有人将这种人格的人称之为具有真正的"艺术家气质"的人。

内倾思维型。作为一种心理活动,思维的特点是与"思想观念"或"理念"打交道。与外倾思维型的思想观念以客观事实为依据不同,内倾思维型的观念之形成却诉诸于主观因素。这种比较的最好例子是达尔文与康德的比较:达尔文观察生物界的大量客观事实,经过提炼形成了他的关于物种进化的观念,而康德的"三大批判"的思想却来自于他对于观念世界中的观念的纯粹"思辨"。重要的是,与外倾思维型的人从对外部世界的探索中寻找到幸福感不同,内倾思维型的人以思考本身为乐趣。就是说,内倾思维型的人是在思想观念世界中获得其精神上的快乐与满足的。对于极端的内倾思维型的人来说,他整天沉溺于其自身构造出来的观念世界里,以及将周围世界的一切都完全地观念化与精神化,在他眼里,眼前事物与其说是客观的存在,不如说是观念或"理念"的化身。而假如说他对外部事物还有兴趣的话,那只不过是因为外部世界在他看来只是观念的影子或化身,而他的兴趣就是透过这些现象之表面或幻相去发现那隐藏于现象界背后的"真实"。极端的内倾思维型的人是以思考观念为生的人,他不仅喜欢思考观念,而且从思考观念中获得一种极大的精神满足。这反过来影响了他对于现象界事物之"现象"的兴趣,乃至于他从不关心事物的表面存在方式。在日常生活上,他是一个不肯于生活中之小事或者琐事所操心的人。由于脱离日常人的生活,他常常会显得"不谙世事",并且显得缺乏生活的自治能力。但这种人的日常生活方式并不显得古怪,毋宁说看起来是单调与缺乏色彩。但这通常是"常人"的理解。由于一门心思沉溺于观念世界里,他不仅不会为世上的事情操心,对于来自于周围他人的看法也视而不见。这种人的生活能体会到"幸福",是常人难以理解,并且觉得不可思议的。但对于典型或极端的内倾思维型的人来说,他觉得只有他才配享有这种精神上的幸福,而这种幸福与常人是无缘的。显然,由于这种人格通常在一些爱好哲学思考的人身上发现,而像苏格拉底、康德这样一些以哲学思考为生命的人都呈现出这种人格特征,我们将具有这种人格特征的人称之上具有"哲学家的精神气质"。①

第四节 完美幸福与"游戏的人"

一、审美经验的二维结构

从以上可以看到,在现实生活中,幸福感的体验与人的心理类型有关,不同的幸福人格类型有不同的对于幸福的理解,并且有着不同的幸福体验。但是,这种类型化的划分仅是一种相对的划分,在日常生活中,我们观察到的经验是它们的变形或衍生形式。就是说,在日常生活中,以典型或极端方式表现出来的幸福类型毕竟是少数,我们每个人大多数是不同类型的混合。比如说,同一个人,他可以表现出外倾思维型的取向,但同时也可以从他身上观察到内倾情感型的倾

---

① 以上关于外倾与内倾的几种幸福人格与心理类型的分析,参考与引用了荣格的《心理类型学》以及卡尔文的《荣格心理学纲要》中的有关内容。

向。这说明不同的类型其实是可以集于一身的。但是,将幸福体验与个体人格联系起来作类型的划分仍然是有意义的,它使我们认识到:幸福与其由外部世界决定,毋宁说是主体与世界的一种共在关系,而这种共存关系表现为多种类型。这就是人作为精神性的存在,其对幸福的体验之不同于其他动物之所在。人之外的动物与世界的关系是简单或单纯的,它们与世界只结成一种利用与被利用的关系,当从外界世界中获得这种利用的满足时,就"心满意足"地感到快乐,唯有人,由于他有精神生活,其与世界的关系便变得复杂起来。这是因为人的精神生活要通过个体心理才起作用,而个体心理类型的不同,就导致不同心理类型的个体在体验精神生活的不同。换言之,人的精神性审美是通过个体的复杂心理活动才得以完成的。

从这里,我们可以得出这样的结论:幸福作为一种审美体验,其实具有两重性:一方面,它是人的精神生活与精神世界,这种精神生活与精神世界具有超验性,是不能简单地等同于个体的心理体验与心理感受;但另一方面,这种精神世界,又是通过个体的具体心理活动(即人的心理能量与心理机理)才得以实现与完成的。于是,我们看到:在现实生活或现象界层面上,人的心理机能其实成为人的精神性活动的载体与实现方式,不同的心理机能,导致其个体的精神生活与精神世界的呈现方式也就不同;反过来,这种不同的精神活动,也制约并导致不同心理类型的个体对于幸福的感受与体验的不同。这也就是说,对于个体的人来说,其精神生活与生理机能、精神世界与心理类型之间出现了双向的互动,这种双向互动的结果,最终才出现了不同的幸福感类型。或者说,个体的幸福感类型的差异,是不同的个体的精神性存在与生物性存在的特殊性与差异性的相互作用的统一。

二、幸福的张力

说到这里,或许有人会提出这样一个问题:是否可以将这些不同的人格类型加以比较,看看在这些不同的人格类型中,究竟有没有哪一种是更为幸福的呢?或者从人的角度来看,哪一种是更为可取的呢?

　　对此,我们说,将幸福划分为不同人格类型,只是从心理机制上对何以会有幸福的揭示,即从心理机制的角度分析人的幸福感产生的原因与其心理过程。这种心理机制的分析,只是从心理科学的角度对于幸福的一种理解与说明,它属于科学的研究范围,并不能给我们提供何种幸福才是最值得追求的答案。但这种科学的研究对于我们追求幸福,或者说最好的幸福,又并非全然无关的。何以言之?因为幸福的心理机制的研究,揭示了这么一个重要事实:虽然幸福属于个体的精神性事件,但个体幸福的这种精神性又有其现实的物质载体及其表现形式,即个体幸福其实与个体心理感受到的快乐不可作截然分开的处理。也就是说,幸福要通过心理的快乐感受体现出来,而且幸福与引起快乐的对象物有关。但是,又不能将幸福等同于普通的快乐。故幸福与快乐的关系可以理解为:幸福可以包含与容纳快乐,而又超越了通常的快乐,而快乐不等于幸福。

　　幸福的心理类型学分析还告诉我们:由于快乐的心理体验与幸福的精神体验彼此具有相干性,因此,幸福体验的获得,还常常是以丧失其他种幸福类型的体验作为代价的。比如说,外倾情感型的人对于外倾情感型的幸福感有着深刻体现,但是,却无法分享甚至很难理解外倾思维型或者内倾情感型的人的幸福体验。这种不同类型的幸福感的难以兼容,意味着我们在体验幸福的总量上的减少。假如说幸福的体验应当是包含各种类型的幸福体验,或者说幸福是各种不同类型的幸福的叠加的话,那么,我们每个人是否能获得这些不同类型的幸福?假如这可以实现的话,那就意味着我们体验幸福的总量的增加,这或许是我们每个人都期待的。

三、幸福体验的境界与分层

事实上,近代以来,以功利主义为代表的伦理学家们,就着眼于关于增加人们的幸福总量的尝试。但是,功利主义者关于幸福总量的计算犯了一个方向性的错误,即将幸福理解为快乐,而对于他们来说,快乐通常又化约为或简单地理解为对于生存性资料或生活享受资料的满足,看来,功利主义者虽然提出了幸福的最大满足这个问题,但从功利主义关于幸福的理解出发,是无法回答人生的最大幸福何以可能这个问题的。

也许是有感于从量化的角度无法获得何为最好的幸福这一答案,于是,有人将对于最可欲的幸福视之为质的幸福。换言之,人生最好的幸福不是追求最多或最大量的幸福,而是追求最高质量的幸福。也就是说,衡量最理想的幸福是一个质的标准。为此,心理学家马斯洛提出了一个关于测度幸福的模型。与荣格一样,他从心理机制的角度对幸福进行了分析,认为人们对于幸福的享受与体验是一种内心体验到的幸福感。与荣格不同的是:马斯洛认为同样是心理体验,但幸福感却是有着品质的高下之分的。他将人对幸福的体验分为如下五个层次:1.生理需要的层次,如对饥渴的需要;2.安全的需要;3.爱的需要;4.尊重的需要;5.自我实现的需要。[①] 这五种需要都是人的基本需要。对于马斯洛来说,这些基本需要得到满足的话,人就会感到幸福。但是,这五种基本需要又是分层次的,层次愈高,它给人带来的快乐就愈"高级",从而也就愈接近我们所说的幸福而不是快乐。看得出,马斯洛设计的幸福层次图突出了精神幸福这一维度,因为在他看来,层次愈高的幸福,即愈属于精神幸福的内容,或者说体现精神幸福的含量愈大;反之,则接近生物性的快乐。马斯洛对于幸福的精神性

---

① 马斯洛:《人的动机理论》,见马斯洛等著:《人的潜能与价值》,北京:华夏出版社,1987年。

给予了充分理解与强调,但是,却将生理性或生物性的快乐置于幸福模型的最底层,这一看法似乎有贬低甚至割裂生物性或肉体基本需要与精神幸福之间的联系之虞。

无独有偶,哲学家冯友兰对人的幸福如何构成进行了探讨。与马斯洛相似,他设计了一种"人生境界图"。他将幸福视之为人生境界的实现,然而,人生境界却有层次高下之分:自然境界,功利境界,道德境界,天地境界。依冯友兰的看法,在自然境界中的人噩噩浑浑地活,其生存与其他动物无异;因此,对于自然境界的人来说,是无所谓"幸福"的,只会有"快乐"。功利境界的人有追求幸福的自觉意识,但却将个人的利益与快乐作为人生的目标,因此,这种快乐只能说高于动物的本能式地活的快乐;这种快乐体验进入了幸福的视野,但却是较低级的幸福。道德境界的人也追求功利,但这种功利是超出小我范围的,属于集体的,甚至于人类的功利,人在这种道德境界中,是能体会到真正的幸福的。但冯友兰认为,最高的幸福还不是道德境界,而属于天地境界。在天地境界中的人尽管也追求道德,但道德于他来说,已不仅仅是道德,因为在道德的实践过程中,他体会到人与天地同体,上下与天地同流。处于这种天地境界的人享受到的幸福超出于常人的幸福,这才是最高的幸福。看得出,与马斯洛一样,冯友兰对于幸福的精神性一面有充分的强调与理解,并且将人格的提升视之为获得幸福的根本条件。然而,冯氏的说法毕竟道德说教的意味太重了些,假如作为伦理学或道德哲学理论来看的话,这当中自有其深刻的道理。然而,当讨论何者为幸福,以及何者为最高幸福的时候,这一说法却有将追求幸福这一问题转化为追求道德实践这一问题的危险。

四、感性冲动与形式冲动

以上马斯洛与冯友兰的看法有一共同之处:将幸福理解为一种层次性的概念而非各种幸福的集合。其实,如我们前面所看到的那样,不同幸福人格类型的人,都可以有幸福的体验;这些幸福体验之间,是很难比较其高低的,甚至也无法去衡量其量之大小的(假如说可以比较幸福的"量"的大小的话,恐怕也只能从同一种类型中比较其体验幸福之深度来着眼)。看来,外在的标准既然难以确立,幸福完美就只能是一种心理体验上的完美。因此,关于完美幸福的讨论,还须返回到对幸福心理的完美体验这一问题。

这方面,德国哲学家席勒的看法颇具启发意义。在《审美书简》中,他从审美这一角度,对人生能否获得完美幸福这一问题作了出色的思考。依席勒的说法,人的审美冲动分为感性冲动与形式冲动。从心理机制来看,它们分别对应于荣格的外倾人格与内倾人格。或者说,假如作为心理学家,荣格是从心理机制的角度对人的幸福感进行分析的话,那么,席勒作为美学家和哲学家,其对人的幸福机制的揭示是从审美角度来说的。

在席勒看来,作为人的两种审美冲动,感性冲动与形式冲动往往处于冲突甚至对立之中。就是说,任凭感性冲动行事,我们在生活中可以体验到世界的感性之美;依形式冲动,我们看到的是世界的形式之美。这两种美的体验都可以使人获得美的享受,从而获得幸福感。但是,从现实生活中,它们却往往处于对立之中而不可两者兼得。经过分析,席勒发现,感性冲动与形式冲动的对立,其实只是人的生存的实然状态。所谓实然状态,是说现实当中的人是如许般地存在或生存着的。然而,对于席勒来说,人不仅仅是实然的存在,而且是应然的存在。这意味着

人是可以突破他自身的有限性而改变自身的。这种改变，从审美来看，主要是一种精神性的改变，即作为生物性的存在，他还是有限性的；但作为精神性的存在，他却可以去追求无限，不断地向无限迫近。席勒说，美是由两种对立的冲动相互作用而产生的，理想美是实在与形式达到最完美平衡的产物。这样的平衡在现实中是不会有的，不是这一方占优势，就是那一方占优势。因而理想美只是一种观念。观念中的理想美是不可分的单一的美，而经验中的美是双重的美；观念中的理想只显得有溶解的和振奋的特性，在经验中就成为两种不同的美，即溶解性和振奋性的美。这两种美的作用各不相同，所以在经验中美的作用是矛盾的。但席勒认为，这种经验中或者生活现象中由审美之分裂而导致的人的幸福感之分离，通过完美人格的重建却可以得以缓和或化解。

五、幸福与"游戏"

对于席勒而言，完美的幸福人格是指这样一种人格：他既具备感性的审美冲动，又同时具有审美的形式冲动。换言之，他与世界共在的方式既是由感性决定的，同时又是由形式所决定的。所谓感性，是指人的有限性的感性存在，比如说，人对于外部世界的生物性的欲动与需要须得以满足，等等。所谓形式，是指人作为追求无限的理性存在，他具有超出其生物性生存的另一面，比如说人有各种精神性的需要，而精神性的最高处，即是努力寻求生活的意义以及对于宇宙终极问题的理解，以及对于超验界的思考，等等。看得出，席勒的思想中有着浓重的康德思想的影子。按照康德的说法，人是有限的理性存在，也即人从本性上说原是同时具有感性与形式冲动的结合体，因此，在本源上，人就是包含有感性冲动与形式冲动的统一体。但康德同时提出：就现实的人来说，人的有限性或无限性已经分离，或者说，人的感性冲动与形式冲动已经分离。康德将人与世界的共在方式的这种分离称之为现象界与本体界的划界。假如说康德试图重新弥合人的这种分离状态是采取道德进路或实践理性进路的话,那么,席勒对此问题的思考则完全是审美进路或幸福论的。

席勒提出,现实中人的感性冲动与形式冲动的分裂,通过"游戏"可以得以调解。对于席勒来说,游戏是一种隐喻,它的用法来自于对日常生活中的游戏,尤其是幼童如何玩游戏的观察。生活中有各种游戏,各样游戏的内容,以及玩的方式方法是不同的。但作为游戏,它们却无一例外地有着共同的特点,否则难以被称之为游戏。那么,使游戏之成为游戏而非人类其他活动方式的特质,究竟是哪些呢?我们发现:游戏的最大特征是它的自发性。所谓自发,是它发乎人的内心需要;而且通过游戏,人的内在需要得到了满足。而且愈是像样的游戏,其自发性愈强,也愈能满足人的内心的需要。而这种内心需要得到满足带来的快感,作为心理体验,可以名之为幸福感。故而,玩游戏完全是超功利的;而在玩游戏的过程中,人的本能完全与充分地得到释放。人们常说,游戏有益于身心健康。游戏之所以会有益于身心健康,是因为在玩游戏的过程中,人的身心处于完全放松的状态。通常人们从事的各种活动,身心常处于压抑的状态,这种压抑的状态长期地存在下去,是会使人的身体与精神受到极大伤害的。

其实,不仅是在工作或其他活动中,即使在玩某种游戏的情况下,假如玩得方式不当,它也会对人的身体与精神带来某种伤害。这是因为,游戏多种多样,其需要的心智以及心理机能的参与程度以及参与方式也不一。以审美游戏为例,如上所述,它可以分为感性冲动与形式冲动;在日常生活或日常游戏中,我们常常是仅有其中一种方式的参与,因此,它作为游戏就表现为感性冲动或形式冲动,而在心理机能上,它或是外倾型,或是内倾型的,或者属于外倾与内倾中的某一类的。假如作这样的游戏,它可能会给人带来某种快感或幸福,但是,这种快乐或幸福是不完全的,即单方向的,如我们上面所说,甚至是以牺牲其他某种类型的幸福体验作为代价的。因此,真正意义上的游戏并非日常生活中的游戏,而是一种将人的感性冲动与形式冲动结合起来的游戏。或者说,真正的游戏是应当体现人的感性冲动与形式冲动的统一。

席勒之所以提倡"审美",是因为审美作为人生的一种游戏,是最能突破人的感性冲动与形式冲动的活动方式。其所以如此,是因为真正审美或原初意义上的审美,内在地包含着感性冲动与形式冲动。只不过,在日常的审美或者游戏活动中,这两种冲动分离了,从而,感性审美划归人的肉体,而形式审美的领地留给人的精神。这样,我们看到了两种不同的审美,也从中体验到两种不同的审美幸福。它们虽然是审美幸福,却是未完成的。因为真正意义上的游戏的审美,需要这两者的合一。但由于审美是人作为审美主体才能操持与把握的,因此作为完美意义上的这种审美活动,最终意味着一种完美的审美人格的重建。席勒说:"文明的最重要任务之一,是使人在他纯粹物质生活中也受形式的支配,使人在美的王国能够达到的范围内成为审美的人,因为道德状态只能从审美状态中发展而来,而不能从物质状态中发展而来。人要想在任何一种个别的情况下都能具有自己的判断和意志成为全人类的判断的能力,人要想在任何一种有限的存在中都能找到通向无限存在的道路,从任何一种依附状态中都能向自主和自由展翅飞翔,他就必须做到,他在任何一个时刻都不仅仅是个人,都不仅仅是服务于自然的法则。人要想有能力而且有本领从自然目的的狭窄圈子里把自己提高到理性目的的高度,他必须在受自然目的支配的时候就已经为了适应理性目的而训练自己,必须以一定的精神自由——即按照美的法则——来实现他的物质规定。"①

从这段话可以看到,席勒所谓重建人的审美人格,就是要建立一

---

① 席勒:《审美教育书简》,上海:上海人民出版社,2003年,第183—184页。

种将人的有限性与无限性统一起来的人格,这种人格既不鄙视人的有限性或肉身,也不限于人的有限性与肉身存在,而要将人的精神性存在在人的有限性存在中体现或呈现出来。这种人的有限性的肉体存在与精神性的无限存在的统一,用中国哲学的术语来说,就是"身心合一"或者"内外合一"的人格。看来,在如何达到审美人格的看法上,中西古今哲人的看法皆一。能获得完美幸福的人一定是具有完美人格的人,具有完美人格的人才配享完美意义上的幸福。[①] 而要追求这种完美的人格,就让我们从"游戏"开始,将生活审美化与游戏化,学会以审美的方式来看待人生,并且在生活中从事游戏。

简言之,幸福不是其他,就是生活于游戏之中;要想过得幸福,意味着重建幸福的人格,实现生活方式与生活理念的转变,成为一个"游戏的人"。

---

① 这里的"完美幸福"不同于第一章第四节所提到的"完满幸福"。完满幸福是最高义的幸福,实质上是一个形而上学的观念,它在现象界是不可达的;严格来说,是关于幸福的"理念"。而"完美幸福"是在现象界可以实现的幸福。

第三章 幸福的艺术

以上,是从审美的角度来谈幸福,指出幸福的获得有待于作为艺术品的人的完成。其实,作为艺术品的人的完成与幸福的追求本是问题的一体两面。换言之,幸福固然有待于理想审美人格的完成,而对幸福的追求本身亦可以视作为审美人生的修养与磨炼。于是,从成就审美人格与审美生命出发,有必要建立一门"幸福的艺术"。

第一节　幸福的范导性原理

幸福与其说是一门学问,不如说是一门艺术更为恰当。因此,对于幸福的实现来说,技艺性的练习是更为重要的。所谓技艺,就是在实践中培养和训练。这种培养与训练与其说是靠知识的掌握,不如说是靠生活当中的功夫和磨炼。正如一个人无论对游泳知识掌握得如何高超,假如他不下水试验的话,他永远无法学习游泳一样,幸福作为一门生活的技艺,是在生活的"海洋"中学会的。然而,在进行游泳的实地训练的时候,不妨也知道一些游泳的知识,它可能有助于指导我们游泳的实践。幸福的知识对于幸福生活的实践指导意义来说也是如此。下面,让我们先谈一下幸福生活的原理。由于它们是作为幸福之所以可能的先验性条件而存在,并且决定着个体之行为是否能获得可能的幸福,我们将这些原理称之为幸福的"范导性原理"。这里所说的"范导性"包含两重意思:1. 它决定幸福是否可能;2. 它决定幸福的范型。

一、顺生

《庄子·逍遥游》中讲了这么一个故事:北海有一种鱼,名字叫"鲲",后来化为大鹏鸟,扶摇直上九万里,要飞往南海。这时,树丛间的鷃雀嘲笑大鹏鸟说:你干吗要花那么多力气飞往南海呢?你看我,就在这小树丛间跳来跳去,一点不费力气,不是一样活得好好的吗?这个故事就是有名的"鹏雀之喻"。假如将鹏鸟的展翅比作是它要去追求幸福的话,那么,"鹏雀之喻"给我们什么启发呢?我想,许多人马上会想到鷃雀见识之狭小。就幸福的追求来说,谁不向往那恢宏高远的目标,就像鹏鸟要展翅"扶摇九万里"一样,而怎么会满足于狭窄天地里的享受,就像鷃雀在矮小的树丛间跳跃一样呢?因此,我们会以为,庄子的寓言要告诉我们这样一个道理:人的志向有大小之分,对于幸福的追求也是如此,有的人的幸福理想非常远大,就像那大鹏展翅一样;可也有的人的幸福目标十分狭窄,就像那丛间雀一样。仅仅从寓言的叙事情节表面来看,似乎是这么回事情。但假如我们真个以为庄子要告诉我们的就是这么一个道理,那就小看了庄子。因为以思维之深邃见长的庄子,是不会满足于用那么长的一个寓言来阐述这样一个简单事理的。

为此,明末清初的哲学家王夫之专门写了《解庄》,书中将庄子要借"鹏雀之喻"表达的真正意思进行了梳理。他说,鲲鹏与鷃雀的确

都是在追求它们各自的幸福,因此,鷃雀不必站在它自己的幸福立场上"以小笑大",讥讽鹏鸟对于远大幸福的追求;反过来,鲲鹏也不必打心里瞧不起鷃雀那在树丛间跳跃享受到的实实在在的幸福而去"以大悲小"。假如鲲鹏和鷃雀各自执著于它们的幸福而取笑对方的话,那么,它们都深深地误解了幸福,是"皆未适于逍遥者也"。① 原来,对于王夫之来说,幸福不是其他,就是"逍遥"。逍遥又是什么呢?"逍者,响于消也,过而忘也。遥者,引而远也,不局于心知之灵也。"②故逍遥其实是逍与遥的合称,或者说,逍与遥合起来才谓之逍遥。在庄子文义里,"逍"又解作小的意思,"遥"即表示大,假如将大、小分别视作两种对立的幸福人格类型的话,那么,完美的幸福就存在于"逍遥"之中。

  看得出来,庄子关于幸福乃"逍遥"的说法,是专门用来解决或对治席勒与荣格发现的"幸福悖论"的。我们从前面一章知道,荣格发现个体对幸福的追求是区分为"类型"的。既然个体的幸福受限于心理类型,而个体的心理类型又是"被给予"的,或者说,属于个体生而俱来的有限性,这说明心理类型是现实中的人难以改变或莫能逃脱的。我们每个个体不是受限于这种心理类型,就是受限于那种心理类型,即言之,每个个体能获得的幸福也就是被决定或分属于不同类型的。席勒提出游戏说,虽然是想要克服荣格通过心理类型分析遇到的幸福人格悖论,即以"游戏"的方式来追求与实现多种的幸福。但我们发现,席勒所说的通过游戏来调和人的"感性冲动"与"形式冲动",在现实中其实是一道难题。也就是说,席勒设想的完美人格固然美好,但却很难在现实中的人身上体现。我们属于常人,造物主在创造芸芸众生时,就已决定了我们或者是这种人格类型的人,或者是那种人格类型的人。别说要试图改变自己的心理人格类型并不容易(心理人格不同于人的道德品性,前者属于人的先天的生理属性,难于改变;后者则可

---

① 王夫之:《庄子解·逍遥游》。
② 同上。

以经过后天的加工与培养而发生改变,有点像后天对人体做手术或整容),退一步说,即使能够改变人的人格类型,但我们知道,人格类型仅只决定个体追求幸福或体验幸福感的类型,有了它,并不能决定我们一定能获得幸福。或者说,人格类型仅是获得幸福的必要条件而非充分条件,假如说要实现幸福的话,还须补充以其他条件或因素。

说到这里,我们认为,席勒的说法还只是一种关于理想的人格如何能够实现完美幸福的理想蓝图,而并没有提供一条关于现实的人如何去成就完美幸福的具体现实路径。这后一问题,却是庄子《逍遥游》所要解答的。庄子与席勒思想相通的方面在于:幸福应当是包含两种不同的幸福,即庄子所说的"逍"与"遥",或者席勒所说的"感性冲动"与"形式冲动"这两者在内的。庄子不同于席勒的地方在于:他不是从理想的幸福人格应当如何的角度,而是从个体人在现实中的境遇这个角度来探讨幸福。也许,对于我们每个生活于具体的现实世界中而又希望幸福的人来说,这个问题才是更迫切,也更为切己的。

既然问题的讨论要从生活世界开始,庄子要求我们调整问题的思路,即不再从调和两种幸福人格类型出发,而是从现实中的具体幸福人格入手,去探讨实现幸福之方。一旦如此,他发现:且不说幸福无法用大与小来衡量,甚至也无法将各种不同的幸福类型加以比较。换言之,幸福既不是一个可以量化为大与小的概念,也不是一个可以通过类型学的分析来加以量度的概念。既然幸福无法用大小来衡量,也无法对不同的幸福类型加以量度,那么,我们不妨放弃对于幸福之孰大孰小与孰高孰低之比较,而将完美幸福定义为普通人心目中最希望获得的幸福。只要每个普通的个体认为找到了他心目中最想要的幸福,那么,对于他而言,这种他最想要的幸福就可以说是完美的幸福。看来,通过"鹏雀之喻",庄子是转换了问题,即将完美幸福理解为最可欲的幸福,从而突出了幸福主体对于幸福的意义。换言之,所谓完美的幸福不是外部世界加之于我们的,甚至也不是我们既定的人格心理类

型所能限制的,它是由我们具有个体能动性的主体自己所决定的。

较之席勒,庄子更突出了个体自由抉择在获得完美幸福过程中的地位与作用。也就是说,庄子发现,对于任何个体来说,完美的幸福就是最适合于个体自己的;反过来说,个体认为是最好的、最可欲的幸福,对于个体来说就是完美的幸福。那么,这种最适合自己、或者个体自己最可欲的幸福,与作为个体类型的幸福,到底是一种什么关系呢?

为说明这个问题,我们来看看庄子哲学中与"逍遥"联系在一起的"无待"概念。王夫之解释说:"无待者,不待物以立己,不待事以立功,不待实以立名。小大一致,休于天均,则无不逍遥矣。"①所谓无待,就是没有对立面。人们通常都是以有待的眼光来看待周围的一切的;对于幸福的看法也是如此,总喜欢将幸福划分为大与小、高与低,而去追求那最大与最高的幸福。庄子认为,所谓幸福之大与小、高与低,都是从"有待"立场看问题的结果。而真正的幸福应当是无待的,即不站在"有待"的立场,破除将幸福划分为大幸福与小幸福的看法。而幸福之大与小的界限一旦破除,则意味着幸福是无大亦无小的,这也即"逍遥"的幸福。

说幸福之无法区分为大无小,其根据在于:幸福本质上是一个精神性的概念,属于人的精神性的体验,因此,幸福是无法从外部世界的眼光来将其作多与寡、高与低的划分的。比如说,对于爱好运动的人

---

① 王夫之:《庄子解·逍遥游》。

来说,他通过运动可以获得最大的幸福,但对于一个不喜欢运动的人来说,要他去运动场上运动,不仅无法享受幸福,反倒对他是一种折磨。所以,庄子看出,幸福是很难从外界来找到一个公度的标准来加以衡量的。假如硬要从外部世界中确立一个标准来对幸福加以衡量的话,这就是"有待"(有待于物)。这在实践中被证明是行不通的。这正如有人以毛嫱为美,而鱼见之却会吓得潜入水底;猫头鹰以腐鼠为食,而人类却感到恶心一样。既然幸福不是有待的,那看来就只能是无待的。

既然世间一切事物都是有待的,而所谓幸福是无待的幸福,那么,完美幸福似乎就应该是跳出世间的幸福了吧?但对于庄子来说,并非如此。庄子所理解的"无待"并非是一个出世的概念,它指的是一种不同于"有待"的眼光与见识。因此,它并非是出世的,而是对于现象界的一种超越。它要求的是转换我们看待世界的眼光与视角,以无待的眼光去看待一切事物与周遭世界。以《逍遥游》中的寓言为例,鹏鸟之扶摇九万里固然是"大",但这种大却是有待的,它需要有鹏鸟翅下的空气之浮力存在才能成就其大,而且世间还有比鹏鸟飞得更高更远的其他物类;鷃雀在树丛间跳跃虽矮,但它却不需要依赖高空空气的浮力,况且,比起地面的蝼蚁来,它又不知是飞高多少了。所以,庄子不由得感慨:"小知不及大知,小年不及大年。"①按:此处之所谓小知、小年,不是从有待的角度来谈的,而应从无待的角度来理解才对。就是说,在无待的眼里,无论是以小讥大,或者以大悲小,由于局限于一己的有待视野,终究是属于小知与小年,而真正的大知、大年,是那无待的眼光与无待的视野。在无待的视野中,世间物其实是无所谓大、小之分的,幸福亦然。

说到这里,我们终于明白:庄子心目中的无待,就是教我们超越世

---

① 《庄子·逍遥游》。

间有限的存在,而去追求那精神性的无限。无待即是自由,这种自由不是说我们在世间可以呼风唤雨,凭一己之主观意志任意妄行的自由,而是指在精神世界中,我们有可以改变对事物的看法与理解的自由。一旦确立了这种自由意识,我们发现:我们就可以在世间寻找到可欲的幸福了。这正如黄鹦雀在树丛间也可以享受到其难以名状的快乐一样。

但这里,我们或许还会提出这么一个问题:鹏鸟之扶摇直上九万里所获得的幸福,与黄鹦雀在丛间跳跃所获得的幸福,难道真个是可以等量齐观的吗?回答是:否。假如从世俗有待的观点看,鹏鸟之展翅凌空而上,的确给人一种志向高远、气势宏大的感觉;而黄鹦雀在低矮的小树丛间跳跃,其志趣不远大,给人的感觉并不高大,我们通常会认为鹏鸟的幸福感应当是较之黄鹦雀的幸福感为大的,假如从心理类型来分判,也可以将鲲鹏之大与黄鹦雀之小比作为外倾与内倾这两种不同的幸福类型。其实,从无待的视野来看,这两种幸福都是一样的,皆属于有待的幸福。既然是有待的幸福,它们当然是有大有小了,但这种有大有小,只在现象界的有待世界里才有意义。一旦超出了现象界,关于幸福之大与小,或者幸福之有划分为类型,也就失去其意义了。于是问题变成为幸福到底是有大有小,或者幸福是否由幸福类型决定,就取决于我们是用无待的眼光,或是有待的眼光来看待与理解幸福了。

然而,讨论假如仅仅到此为止,尚未得庄子谈论"无待"的更深层用意。庄子以鹏鸟与鹦雀的故事来说明幸福之不分大与小,其最终目的还不在要我们将鹏鸟与鹦雀的幸福作等量齐观,而是教我们:尽管我们是有限的存在,生来具有种种的局限性,但这不意味着我们无法去追求幸福与享受幸福。应当说,庄子提出"无待"这个思想,是为了说明个体如何去实现幸福这个道理,这就是"顺生"。

所谓顺生,就是接受并且顺应我们每个人生而有之的有限性。我们每个人生来就是有限的,而且是一种定在,也就是说,我们选择了这种有限性,就意味着无法成就另一种有限性。这对于我们每个人之追求幸福来说,实在是一种很大的限制。这就好比我们生而为鹏鸟,就无法享受鹦雀之快乐,或者生而为鹦雀,就无法去体验鹏鸟之幸福一样。但庄子经过"逍遥"与"无待"的辨析,却教我们服从命运的这一安排。因为从"逍遥"的观点来看,逍即是遥,遥即是逍,它们在"本体"的意义来说是一样的;假如将幸福领会为真正精神性的幸福而非日常的快乐的话,那么,真正完美的幸福其实也就是本体论意义上的幸福,而作为本体论意义的幸福其实是无分为大与小的。因此,假如将这种精神性的幸福去加以追求的话,那么,作为鹦雀,不仅不应讥笑鹏鸟之志,而且也无须去羡慕鹏鸟之幸福。反过来也一样,鹏鸟不应悲悯鹦雀心目中幸福之卑微,也不必放弃自己的高远志向而去跟着鹦雀在那树丛间跳跃。总之,造物主创造了芸芸众生,那么,你作为这芸芸众生中的一员,就接受这有限性的命运安排吧,并且在这有限性中享受与体验那造物主赐予你的幸福!

表面上看,庄子达到的这一结论似乎会给人带来一种对于幸福的悲观主义的看法,即现实中的完美幸福是不存在的,完美幸福只能在无待的本体界寻获。其实不是的。庄子关于无待的幸福,表面上是有那么一丝悲观或"顺受"的味道,骨子里却是乐观与通达的。乐观与通达不等于快乐,快乐毕竟是现象界中的人作为生物性存在总能体会与享受到的,而唯有这种超出了普通快乐的无待的幸福,才是作为一个有精神生命的个体配去享用并能体验到的。既然作为有限性的存在,我们都会拥有并且享受这种生物性生存所具有的快乐,那么,我们为什么不在此生之中,再去多寻找与追求一份超出这种平常快乐的幸福呢?从这种意义上说,庄子不是教我们不食人间烟火与逃离人间快乐,而是教我们不要将日常快乐就当作幸福,更不要仅仅满足于人间快乐。人的生命包含着肉体生命与精神生命这两个维度。或者说,造物主赋予我们每个独特的个体以两个生命——肉体生命与精神生命，那么，我们为什么只选择其一，而放弃其二，不去将这两种生命的追求都加以实现呢？

由此，我们认识了庄子：一个不逃避幸福，毋宁说是向往幸福，并且对于幸福有着执著追求的庄子。但庄子对于幸福的理解又是异常地通达与彻悟的。准确地说，是在意识到人的有限性生存境遇之后，面对这种有限性生存的一种通达。因此，庄子不仅教人接受个体命运的安排，更教人去承担。接受可以是积极的或消极的，而承担则意味着去实现。故之，所谓顺生不是消极地承受现实，无为地接受命运加之于人的一切，而是将造物主强加于人身上的有限性，视之为完成人的无限性的前提条件与现实载体，从而去再造生命。而这种经过再造的生命由于已经在有限的生命中融贯了其对于精神生命的理解，就不再仅仅是有限的生命，而是有限的生物性与无限的精神性合一的生命，这才是人的真实的，或者说得以完成的生命。

因此，庄子提倡人生要作"逍遥游"。庄子将有"鲲鹏之喻"这个故事的篇章命名为《逍遥游》，是一种点睛之笔，在庄子那里，个体对幸福的追求其实是通过"游"来实现。庄子提倡"游于方内"。方内也即现实世界，现实世界是以有限方式存在的，现实世界中的人亦然；所谓游于方内，不是教人仅仅作为有限性的存在而存活，而是教人如何在这有限性中体现无限的存在。人如何才能在有限性的世界中活出无限来？庄子的"鹏雀之喻"说明这样一个道理：造物主创造了鹏鸟与鷃雀，这为它们去追求幸福提供了生物性的前提条件，它们应当是各自根据自身的情况去追求与实现幸福，这才是它们各自生命的最终完成；否则，它们就仅仅是作为有限性的存在，而无法实现那无限性。故而，幸福的真谛其实是生命的真谛，生命的真谛是以造物主赋予每个个体的"形式"去追求与实现那各自的幸福。这各自的幸福是无法彼此比较其大小的；对每个个体而言，幸福的方式是顺生，安于与接受造物的安排,在有限性中去完成自己,这样才可以获得幸福。

"逍遥"即"游","游"即"逍遥",庄子这一思想是对在现实生活中如何成就个体幸福的深刻思考。它表明:个体幸福的实现其实是追求将人的有限性与无限性合一的过程。假如人的有限性与无限性能够合一的话,此可谓达到了"无目的的合目的性"之境,此也即康德所说的"自然律与自由律的合一"的完成。对于庄子来说,这一值得冀盼的人间幸福并非凭空的想象或纯粹的理论思辨,它是可以通过个体的生命实践去完成的。

二、适意

庄子"逍遥游"给人的另一种启示是:假如幸福是可以测度的话,那么,衡量是否真正幸福的唯一尺度是"适意"。这也意味着幸福是给自家享用的,不是做给别人看的。在日常生活中,我们发现:有的人在他人的眼里看似幸福,其实他未必真的幸福;也有的人的生活境况在他人眼里似乎无法获得幸福,甚至是悲苦的,可是,就在这种常人或他人难以理解的生活状态中,他却享有与体验到幸福。这说明,幸福说到底,是人作为主体的一种内在心理感受与精神体验。心理类型不同,精神向度不同,其对于幸福的理解,以及幸福的感受是完全不同的。

既然幸福源自个体的真实生命感受,那么,就不用在乎他人对于幸福的看法如何,也无须顾及别人对于自己的对幸福的理解与看法了。我们每个人,尽可以去按照自己的看法与方式去追求自己的幸福。

然而,所谓按照自己的看法与方式,又意味着什么呢?对此仍可深究。我们作为个体的人活在世间,其行为与处世方式,有许多不是由我们自己决定的。比如说,工作要遵守纪律,上街要遵守交通规则,等等,此点这里不论。这里要说的是生活中可以由我们自己做主的事情。但这些事情当中,有一些行为或者意愿从表面上看,好像是我们自己决定的,其实并非由我们自己决定,所谓"由我做主"只是事情的表象。故培根提出"四偶像说",柏拉图有"洞穴之喻"。对于幸福的追求来说也是如此,我们每个人一生都在追求幸福,但由于我们每个人都处于黑暗的"洞穴"之中,我们并不能看清真正的幸福。有些事情在"洞穴"中的我们看来似乎是幸福的,但一旦走出洞穴,我们才知道它们并非幸福。看来,处于"洞穴"中的我们,有些幸福表面上是由我们自己决定,后来发现它们并不能给我们带来幸福感,其原因就在于它们作为幸福"由我做主"的似是而非的性质。

看来,讨论幸福是否真的由"我"做主,真的成了一个问题。因此,要对"我"究竟为何作一种语义学上的分析。

依弗洛伊德精神分析的说法,我们每个个体有三个我:自我、本我、超我。自我是现实生活中作为社会角色出现的我,是一种以适应人的生物性与社会性生存作为目的的人格主体。假如人作为个体仅仅是以一种自我人格而出现的话,那么,他在实现与完成其社会角色的过程中,可以获得但未必一定能获得幸福。就是说,幸福虽然不必然地与作为社会角色的自我人格相排斥,却也未必与它相融契。而现实生活中,我们看到的往往是人的作为社会角色的自我人格与个体幸福相冲突或不协调的例子。因此,所谓个体的幸福"由我做主",显然不是指由作为社会角色的自我人格来做主。

超我,是指人所向往的一种理想人格,这其中,道德人格是最重要的内容。然而,且不说不同的个体人心目中的理想人格不一,对于道德内容的理解也因人而异,重要的是道德人格固然是人所向往的一种人格,然而,道德人格是指个体自愿或者自觉的一种生命追求,指向的是生命的"应然"而非"实然"状态。就个体人的心理感受而言,应然的道德人格的追求与实现虽然可以获得幸福,却未必一定能获得幸福。现实中许多这样的例子,不少人正因为牺牲了其个人对于幸福的追求,其道德人格或者说道德实践方才得以完成。因此,只能说,道德人格成就的是生命的高贵与尊严,它虽不必然地与幸福相排斥,却终究不是幸福。因此,所谓幸福"由我做主"的我,也不可能是超我。

本我是以无意识方式存在的一种心理状态,由于它也参与与影响个体对幸福的追求,故也可以说是一种幸福的人格主体。按照弗洛伊德精神分析的说法,本我是遵循"快乐原则"行事,故作为人格主体,它要使人的无意识中的"欲望"得以满足。这种欲望的满足会给我带来快乐,这就与我们所说的幸福概念可以相通。然而,弗洛伊德学说中的"本我"有其特定的含义,是指个体的"性欲"的最大满足;而性欲,尽管弗洛伊德给予了较宽泛的理解,说到底,它毕竟是指一种生物性或生物本能性的欲望的满足。因此,弗洛伊德所谓的本我,也无法充当幸福"由我做主"的我。

其实,按我们对于幸福的理解,幸福既然是一个精神性的概念,那么,决定幸福的,就应当是一个精神性的我了。或者说,既然幸福是由个体的精神性人格所决定的,那么,能决定并且体验幸福的真正人格主体,只能是一个精神性的个体存在。这种作为精神性存在的人格主体,我们称之为"真我"。

要注意的是:当我们说幸福由精神性的人格主体所决定,并不是说有一个可以脱离开人的生物性、社会性,以及道德性的我而另外独立存在的精神之我。毋宁说,精神性的我就存在于人的本我、自我以及超我之中,并须与它们相结合而成为一种具有综合性与统一性之"我",这才是作为完整与健全的幸福人格之我。在《庄子》书中,这种"真我"名之为"吾",称之为"吾丧我"。庄子将"我"与"吾"加以严格区分,这对我们讨论幸福究竟应当由谁做主这一问题是深具启发意义的。

作为幸福之主宰的真我不能等同于个体人格中的本我、自我与超我,但又离不开这三种我,那么,真我在现实生活中究竟是如何将这三种我加以统辖,并且建构起健全与完整的幸福人格来的呢?这就回到了我们前面所讲的幸福人格之建构及分类的问题。我们说过,幸福人格之原素有三:自尊、爱,感恩,它们是个体人格的精神性品格的体现。但同时,幸福人格又可以划分为外倾与内倾的八种类型,这些人格类型皆有其现实的人格载体——本我、自我与超我,它们可称之为幸福人格的构成性因素。而现实中的幸福人格之实现,就是这幸福人格之原素与现实的人格构成性因素相掺和而成,是幸福人格之原素与幸福人格构成性因素的统一。在统一的幸福人格之中,作为人格原素的德性与作为人格之构成性因素的本我、自我与超我,它们不仅不相互矛盾或彼此排斥,毋宁说是在相互作用的过程中参与幸福的完成。因此,对于个体来说,所谓追求幸福非他,就是努力去实现幸福之人格德性与人格的构成性因素之合一。

说到这里,我们终于明白了庄子之所以强调幸福的含义就是适意的真正原因。适意不是其他,就是适真我之意:个体的行为或活动是否给人带来幸福,就是要适合自己,这里的自己指真我。我们平常的行为或活动未必是由这种真我所选择的,其结果就未必能使人感到幸福,这是适意的其中一种含义。但适意除了这种含义之外,它还有一种更深的含义,就是要适合个体的人格类型。这里,个体的人格类型已不仅仅是体验或享受幸福的类型,而成为实现个体幸福所必具的人

格条件。或者说,真正的现实的、个体幸福不是笼统的、抽象的,而是具体地体现并且适合于每一个独立的个体的。适合于此个体的幸福,未必适合于彼个体,

反之亦然。

　　正是从幸福意味着适意这一看法中,我们看到了个体幸福的多样性与丰富性。换言之,大千世界之所以有各种各样的幸福,就源自于个体在追求与实现幸福过程中追随与运用适意的原则。凡适意者,则谓之幸福,而且可以真切地感受与体验到这种幸福;反之,则不幸福,甚至痛苦。所以,在庄子的"鹏雀之辩"中,鷃雀不必去效鹏鸟之幸福,鹏鸟也无须去称羡鷃雀之幸福,它们各有各的幸福。对于个体的它们来说,只要是适意的,就是快乐与幸福的。假如生为鹏鸟而想获得鷃雀之幸福,或者生为鷃雀想获得鹏鸟之幸福,这就是不适意的,这种不适意与其说是个体的生物性的限制,不如说是个体的精神性限制更为确切。因为作为幸福人格的类型,不仅仅由个体的生物性所决定,同时或者更重要的,其实是由个体的精神性所决定的。比如说,对同一种生物性刺激的单纯官能性反应,不能决定我们个体感受到的是何种幸福,只有对同一种生物性刺激作出的精神性反映与感受,才能使人体验到的是何种幸福。人的这种幸福人格之分类,与其说是生物性进化的结果,不如说是人的精神性进化与特异化的结果更为恰当。面对这种进化,我们无法改变它,而只能接受它;而从享用幸福与体验幸福的角度来说,我们更愿意成全它,就是说,正因为幸福感分化为人格类型,我们每个独特的个体,才有了选择与领略不同幸福的可能性。这种不同幸福类型的选择未必能使我们体现幸福的全部内容,但却可以使我们感受与体验某种类型幸福之深刻。而作为个体的人来说,与其说选择体验幸福之多样性而不深刻,毋宁说我们更愿意选择与享受幸福之独特性之深刻,而幸福人格之分类构成,由于其心理机制的特异化以及伴之而来的心理能量的高度集中,必将使我们获得后种之幸福。而作为个体的人之幸福的价值,也就体现在这里。

三、无执

　　以上,我们讨论了作为幸福的艺术的两个概念:顺生与适意。顺生指的是要承受个体生命作为有限性的存在,幸福的实现就在每个个体的有限性存在之中。适意指的是个体幸福的独特性,强调每种生命类型都可以体现与实现幸福。然而,无论顺生或者适意,它们谈的都是现实中的个体存在如何获得幸福的方法与门径,这就预设了幸福似乎是一种个体必须去追求与完成的人生终极目标。

这种对于幸福的理解并无谬误之处,然而,它还不能遍及幸福生活的所有内容。就是说,假如说作为个体的常人或凡人这样去理解与追求幸福的话,这并不为非,但是,这种常人或凡人能够追求或获得的幸福,并不能涵盖关于幸福意义的全部。换言之,幸福作为一种精神性的存在或者说精神世界,还有它的为常人或凡人之难以企及处。惟其如此,它值得我们向往并去追求。作为一种可以达到的具体人生目标的幸福,与作为一种理想或理念而难以达到的幸福,对这两者的追求都可以成为生活的动力,但其对于个体精神生命之意义来说却是不一样的。因此,当讨论了常人或凡人可以期盼或可能获得的幸福之后,还需要进一步讨论作为人生之不可企及或难以企及的幸福理想或幸福理念。这种幸福理想或理念尽管不存在于或难以存在于现象界,但这不意味着它不真实;只不过,它是作为理念存在于更为纯粹的精神世界中而已。然而,对于追求幸福的人来说,它仍然值得企盼。有谁能说,人生在世,只会去追求那仅存在于现象界的东西或事物呢?也许,设定一种明知不可实现或难以实现,却仍然值得去追求与寻获的幸福,这本是作为有限性的理性存在物的人之特权,也是人作为人之价值与意义之所在。动物与其他生物仅会对现象界之现实存在的东西与事物发生兴趣与作出反应;唯有人,也只有人,他的兴趣是超出现象界之实存层面的,他对于幸福的探究也是如此。那么,这种不存在或难存在于现象界,却存在于纯粹精神世界的幸福,其究竟是如何一回事呢?

为了与前面提到的常人或凡人能够企及的幸福相区别,这里,我们将仅存在于精神世界中的幸福称之为"纯粹幸福"。这种幸福一言以蔽之,可以说是一种"无执"的幸福。或者说,无执是纯粹幸福的同义词:假如个体真的是处于无执的状态时,那么,他可以说就达到纯粹幸福了。反过来说,假如要获得纯粹幸福,这意味着个体是生活于无执的世界之中。那么,究竟什么是无执?

所谓无执,是破一切执。这一切执包括:人我执、一切法执。人我执容易理解。前面讲到的幸福状态是进入一种无人我的天人合一之境,这说的就是破人我执。故对于幸福来说,无人我执是题中应有之义,否则便不是幸福。即使前面提到的两种幸福类型:外倾型与内倾型,或者作为心理机制出现的感性冲动与形式冲动,其幸福机制皆是立足于如何破人我执。故无人我执是任何幸福,包含常人或凡人所希冀的幸福所必具的前提条件。

然而,对于真正的或纯粹的幸福来说,仅仅破人我执还不够,还必须破获一切执。何谓一切执?我们看到,前面所谈的顺生与适意,固然包含了破人我执的因素,甚至于庄子还提出了"无待"的概念,但这种破人我执以及无待的概念,仍然是有其执著。其执著的是什么呢?就是一个关于以幸福作为人生目标,以及如何去达到这种人生幸福的观念。这种对于幸福观念的执著,就是一种执著。而从真正的无执来看,幸福是不应当作为一种执著的目标去加以实现,也无须去实现的。因此,"幸福"既然是一种执,那么,以无执之法眼观之,它并不存在。或者说,假如它真的存在的话,也只能是一种"幻相"。故《中论》云:"如幻亦如梦,如乾闼婆城;所说生住灭,其相亦如是。"①

此外,顺生与适意的论述既以如何实现个体的幸福为目标,这说明,它对于"我执"的破除非但不彻底,反而又陷入另一种执著,即任何顺生或适意的幸福门径,都是以肯定个体之"我"的存在作为前提的。

---

① 龙树:《中论·观三相品》。

这样看来,顺生与适意对于无待以及"游戏",仍然有一个作为与有待相对立的"无待"以及在玩游戏的"我"之主体。这也就意味着顺生与适意对于个体之我来说,只是一种实现幸福的手段与工具,而非真正的幸福本身。而无执,就是要消除顺生与适意之中的我执。当然,这不意味对于顺生与适意的否定,而毋宁说是对顺生与适意作为幸福的一种新的理解。换言之,世间本不存在一种要让个体去追求与实现的绝对意义上的或本体意义上的幸福;任何个体,只要它的行为与活动是顺生或者适意的话,那么,他就是幸福的。

这样看来,无执并非是对顺生与适意的消解,毋宁说是对顺生与适意在更高层次上的一种肯定。就是说,本来是作为达到幸福的门径与途径看待的顺生与适意行为与活动,其本身即是幸福。故无执的幸福观的根本意义是说,幸福不是作为个体要达到的目标出现的,而追求幸福的过程本身——顺生与适意就是一种幸福。看来,这与其说是一种关于幸福的终极目的论,不如说是一种幸福的过程论:幸福不是对象性的存在,也不是作为先验目标而存在,而是呈现为一种过程。任何个体活动只要是顺生与适意的,那么,个体本身就已处于幸福之中了。

说到这里,要避免对无执的错误理解。无执不是想取消一切活动,包括幸福活动,而只是说这种种活动,包括追求幸福的活动,其本身应当是无目的、无意念,而且从根本上说是"无我"的。这也就是禅宗所说的"三无":"无念"(无作为理想或理念的幸福)、无相(无作为对象或目标的幸福)、无住(无作为追求幸福之主体的我)。六祖慧能的偈子云:"菩提本无树,明镜亦非台。本来无一物,何处惹尘埃?"[①]说的就是这个道理。

其实,这种关于无执的幸福的理解,也包含在庄子思想中。但那

---

① 慧能:《坛经》。

第三章 | 幸福的艺术

是另一个庄子,一个不同于提倡"逍遥游"的庄子。假如说《逍遥游》中,庄子借"鹏雀之喻"表达的是对于顺生与适意的幸福的追求的话,那么,在《齐物论》中,就出现了另一个庄子:一个将幸福理解为"无执"的庄子。

所以,在《齐物论》这篇文章的最后结尾处,庄子将幸福作了这样形象化的描绘:"昔者庄周梦为胡蝶,栩栩然胡蝶也,自喻适志与!不知周也,俄然觉,则蘧蘧然周也。不知周之梦为胡蝶与?胡蝶之梦为周与?周与胡蝶,则必有分矣。此之谓物化。"就在这种"庄周梦蝶"的过程中,庄周与胡蝶实现了角色的互换,而这一互换的结果,就是"无":无所谓庄周,无所谓胡蝶。或者说,庄周就是胡蝶,胡蝶就是庄周。每一个有审美经验的人都知道,这才是审美之极致。审美之极致也就是幸福之极致。故无执的庄子在这里提倡的是作为一种审美之极致的幸福。

这种幸福或许难以出现在人世间,但它却是真实的存在;其存在之真实一点不亚于存在于现象界之真实的幸福。现象界中的幸福或许是多变的,有多种形态的(如外倾型与内倾型、感性冲动型与形式冲动型,甚至优美与壮美,等等),而无执的幸福是静止的、唯一的、绝对的幸福。它或者类似于佛教所说的"涅槃",或者是庄子所说的"天籁"。但确切地说,它又并非完全脱离人间烟火的。换言之,它其实是要在人世间修出世法,要在多变的幸福与多种形态的幸福中达到那不变的、唯一的幸福。这种幸福其实也是另一种意义上的将个体的有限性与无限性合一的幸福。不过,它是以无限为体,而以有限之肉身为用。这种以有限作为达到无限之工具与手段,其幸福的落脚处已不在有限的现象界,而在超越的本体界。故而,幸福的有限性与幸福的无限性通过无执的方式终又获得了统一。对于执著于这种幸福的个体来说,它并非只是虚幻或不切实现的梦想,而是仍然要在人世间实现的幸福。不过,它已远远超越了尘世或人世间的幸福或快乐,而是一种纯粹的精神性幸福。

如何比较无执之幸福与顺生和适意的幸福呢？应该说，这两类幸福都是个体在世间值得追求的幸福，不同之处在于：顺生和适意将幸福落实于人间世，其幸福的含义更多地是世间的幸福。这种幸福对于个体来说可以说是完美的幸福，但它毕竟由于落实到现象界，故又只是一种"有限的幸福"。换言之，我们每个个体生命在现象界中获得的，只能是有限的幸福。但除此之外，作为幸福的理想，个体还应当去追求那无执的幸福。无执的幸福要求彻底泯消一切差别，包括泯消个体我之"有执"。这其实是一种超越了世间的有执幸福才能体验到的幸福。

这两种不同的幸福，王国维分别用"有我之境"与"无我之境"来加以概括。他说："有有我之境，有无我之境。……有我之境，以我观物，故物皆著我之色彩。无我之境，以物观物，故不知何者为物，何者为我。""无我之境，人惟于静中得之。有我之境，于由动之静时得之。故一优美，一宏壮也。"①在这两种幸福中，世界都是以审美的方式呈现的。这两种幸福都值得欣赏，作为幸福都值得追求与向往。然而，前一种幸福是人人通过努力追求而可达的，后一种幸福却不必人人能达，或者说是常人难以达到的。能够达到或体验到这后一种幸福的人，可称之为"圣人"。孔子晚年所谓的"七十而从心所欲不逾矩"，就是对这种圣人式的幸福感的体验与说明。无执的幸福已不是将幸福作为一种值得追求的目标要去加以实现，而是将个体生命视之为宇宙过程之一部分去加以展现。它已经消解了作为人生终极目标的幸福，其对于生命的意义与看法已发生了改变。对于这种人来说，幸福不是其他，而属于人生的一种境界——无我之境。

---

① 王国维:《人间词话》。

四、中观

然而,假如将幸福视之为境界的话,那么,无我之境还不是最高义的或胜义谛的幸福。这是因为,这种幸福虽然破除了一切执,但这种非要破除一切执本身,仍然是一种执著——对无执的幸福的执著。也许,从最胜义来看,真正的或彻底的无执是破又不破,不破又破,或者说既破执又不破执。假如从这种对无执的理解来看,我们就进入了中观的视野。也许,这才是一种完整的幸福。

所谓完整的幸福,①意味着它是一种既包括有执的世间幸福,又包括无执的出世间幸福的幸福。因为只有有执的世间幸福与无执的出世幸福之合,才可以称得上完整意义上的幸福。在这种完整意义上,有执的世间幸福与无执的出世的幸福终于统一起来了。或者说,由于同时具备有执的世间幸福与无执的出世间的幸福,于是幸福才谓之完整。问题在于:这如何可能?要回答这一问题,首先要问:什么是中观?

《中论》云:"众因缘生法,我说即是空;亦为是假名,亦是中道义。"这就是有名的龙树"中观四句教"。然而,对于这四句的理解,历来说法不一。有一种解释是:一切法都是因缘和合而生,它们实质上是"空";虽然是空,但作为"假名"之有,它又是存在的,并非空无所有。假如对四句教作如此的解读的话,那么,除了同时肯定假名之有与空皆为存在者之外,它并没有提供更多的意义。假如以此看法来解释幸福,它除了承认作为假名的世间幸福与作为空之出世的幸福可以并存之外,并没有包含更多的意思。

看来,作为一种试图兼容两种幸福的中观理论,其对幸福的理解

---

① 这里完整的幸福的含义不同于上面所说的顺意或适意可以达到的现象界中的"完美幸福",而与第一章第四节的"完满幸福"同义。不同之处在于:完满幸福是一种关于幸福的理念,而完整幸福是从方法论角度谈如何实现或达到完满幸福。

当不如是。那么,如何理解这四句教的意思?这当中,智𫖮大师的看法可谓深得其中三昧。他解释四句教说:"……若一法即一切法,即是因缘所生法,是为假名,假观也。若一切法即一法,我说即是空,空观也。若非一非一切法,即是中道观。"①依智𫖮的看法,一即一切法,是属于现象界的事;而一切法即一法,属于本体界之最高存在。移用于来理解幸福,则可以说,现象界的幸福是假名;而作为本体之最高存在的幸福是空。这两种幸福皆为幸福。

然而,在进一步解释这两种存在者的时候,智𫖮分别用了"观"字,即言之,无论是假名也好,空也好,其实都是"观"。或者说,是因为"观"才出现的。什么是"观"呢?依上下文,这里的"观",应当理解为"人观"。也就是说,通常人们之分别有执的世间幸福与无执的出世间幸福,其实都是因为人有一种"观"才出现的。

"观"简单地理解,也就是人为的看法。这里看来,有执的幸福与无执的幸福皆取决于人观,假如没有人观的话,那么,也就无所谓有执的幸福与无执的幸福了。所以,智𫖮认为,依中观的理解,若非一非一切法,即是中道观。这里,所谓非一,是指非"一法即一切法",所谓非一切,是指非"一切法即一"。看来,只有对这二者归加以否定之后,才可以称之为中道。假如移用于对幸福的理解,所谓中道的幸福,就是在既否定假名的幸福,亦否定空的幸福然后才实现的。

问题是:假如真个如此,两种幸福皆否定的话,那么,幸福到底在哪里?或者说,幸福到底何所指?这里要注意的是:智𫖮否定的是人观,而并非否定中道观或中观。这里,中观是以对两种人观的否定形式出现的,但作为中观,它并非"无观",更不是人观。什么是中观呢?其实,在龙树的四句教的后面,是紧接着有下面四句话的:"未曾有一法,不从因缘生,是故一切法,无不是空者。"②这四句话,可以说是中

---

① 智𫖮:《摩诃止观》卷五。
② 龙树:《中论·观四谛品》。

观的正面的意思。但它的意思又很难完全用文字表达出来。总的来说,它想说的是:所有的"法",包括一法与一切法,其实都是从"因缘"生出来的。假如移用于对幸福的理解的话,它的意思是说:无论作为一法的本体之最高幸福也罢,作为一切法的现象界之幸福也罢,其实都由因缘和合而生,其原因,是因为所有的法,包括一法与一切法,都对于人来说才有意义。作为一法的幸福与一切法的幸福来说也是如此。

换言之,幸福不是可以脱离人之个体之存在的独立存在,只要我们追求幸福,我们都只能是在个体的存在当中去追求幸福。那么,这所谓幸福,包括有执的幸福或者无执的幸福,只有对人来说才有意义,或者才会存在。其实,这也正是海德格尔所说的"没有世界,只有世界化"的意思,假如将这话引申一下,可以这样说:"没有幸福,只有幸福化。"原来,通过中观,我们终于知道了:幸福不是别的,只是我们看待世界的一种观或者方式。

说到这里,真正的中观的意思,并非只是否定式的,并非只是对于两种幸福观的否定。毋宁说,它是在揭示了两种幸福之来源或产生之根据之后,再确立一种中道的幸福观。

这种中道观的幸福观既不落于两种幸福的哪一边,也不否定这两种幸福的任何一边。而是既肯定两种幸福,又否定两种幸福;在否定两种幸福之后,又肯定两种幸福。如此而无穷。这种说法似乎难以理解,甚至有点神秘。

其实,依中观的含义,既然幸福对于人之存在才有意义,而作为个体的人之存在属于一种有限性的存在或"偶在",我们要在这种偶在中寻找或发现幸福,就必然无逃于人观的命运,或者说,总不得不以人观的眼光来看待世界,包括幸福。而人观的世界与幸福无非两种:有执的与无执的。就执而言,它们是等价的,无从比较高下,只由观之不同所决定的。

问题的严重性还不在人观有这两种,而在于这两种观还以悖论的方式呈现出来。就是说,假如我们采取有执的眼光来理解与看待世界与幸福,就无法以无执的眼光来看待与理解世界和幸福;反之亦然。因为我们作为有限性的个体,无法在同一时点采取两种不同的观物方式。这也意味着我们作为个体的人,无法同时获得有执的幸福与无执的幸福。即使我们以为我们可以获得两种幸福,其实是以其中一种幸福取代或者置换另一种幸福的内容为代价的(就如无执的幸福是以无执之执来代替具体的有执,将这种无执之执的幸福视之为过程,然后等同于无执的幸福一样,这种无执的幸福不是彻底的无执的幸福,而只是作为有执的对立面的无执幸福)。

应当说,对此幸福的悖论,中观是有清醒的认识的,或者说,中观之提出就是为了消除个体在追求幸福时遇到的这种悖论。如何解决这种幸福之悖论呢?中观认为,所谓的有执幸福与无执幸福,既然是作为人观才出现,因此,这两种幸福并不具有绝对本体的意义,而仅仅是一种关于幸福的"方便说法"而已。方便说法也即"随机说法":根据不同的时点、环境与机遇,而随时随地变化自己的视角或者"观"。

这样看来,作为人观的有执幸福与无执幸福,并非既定不变的,而是可以而且应当随时调整的。换言之,在某些时点,我们可以采取有执的幸福观,而在另一些场合或境况中,我们可以采取无执的幸福观。而任何时点与环境,我们不是采取有执的幸福观,就是采取无执的幸福观。这样的话,我们在任何时点,不是获得有执的幸福,就是获得无执的幸福。这样的话,我们不就是在任何时点,都可以获致幸福了吗?如此说来,中观的看法似乎是将在同一时点同时获得两种不同的幸福的问题转换为个体是否能获得两种不同的幸福这一问题。

但仅仅于此,问题并非得到完全的解决。因为问题很可能是人们可能会变得随心所欲,高兴采取哪种幸福观就采取哪种幸福观,并且将任何对于幸福(包括快乐)的享受都称之为中观幸福。这种情况在世间不是没有,而且很可能会是普遍存在的。这其实是一种"伪中观哲学"。中观之所以反反复复以否定之形式出之,提出"未曾有一法,不从因缘生;是故一切法,无不是空者",①智𫖮之强调"若非一非一切法,即是中道观",其道理也在这里。

因此,完整的中道观是既肯定而又否定,既否定而又肯定,肯定之后旋又否定,否定之后又再肯定,……如此循环以至于无穷,以避免对中观作僵死化、绝对化、概念化的理解。故中观的表达式应当是:一即一切,一切即一;非一即一切,非一切即一;非非一即一切,非非一切即一……

假如明白了中观的表达式,那么,将其用于对于幸福的理解,我们发现它要传达的是如下的信息:

1. 分别两边的幸福。对于中观来说,有执的幸福与无执的幸福皆为幸福,故中观幸福其实是肯定两种幸福。

2. 两种幸福的相互转化。对两种幸福的肯定不意味两种幸福的绝对化。换言之,有执的幸福会转化为无执的幸福,无执的幸福也会转化为有执的幸福。

3. 两种幸福的相互依存。所谓相互依存,不止是说有执的幸福以无执的幸福之存在作为前提,反之亦然;而且是说这两种幸福相互补充而不可彼此替代。

---

① 龙树:《中论·观四谛品》。

4. 不落两边的幸福。有执的幸福与无执的幸福无法彼此替代，但不意味着分别两边的幸福就是全部幸福。换言之，有执的幸福与无执的幸福之相加并非就是全部幸福。

5. 两种幸福的相互渗透。有执的幸福与无执的幸福不仅相互转化，而且彼此渗透。就是说，有执的幸福当中有无执的幸福，无执的幸福当中亦有有执的幸福。

看来，在中观眼里，真正的或完满的幸福是必得包括如上几个方面的内容，而又不囿于或固执于其中某一个或某几个方面的，但是，它又不是这所有方面的幸福之和。换言之，中观幸福是可以随时随地改变其面孔，但无论如何变，万变不离其宗，它又必得体现中观幸福之这个特性的。

要注意的是，中观幸福作为总体幸福虽然是包括幸福的这几个层面，但它在具体的某一时点，却又必体现为这其中的某一种幸福，或者说，是以这某一种形式的幸福来渗透其他幸福。那么，究竟在何种情况下呈现为某一种幸福呢？中观将这归结为"机"。所谓机，既是机会与机遇的意思，但又是"随机"的意思；故机与其说是静止与固定的，不如说是动态与随机的。或者说，机会与机遇与其说由外部条件所决定，不如说是由主体随时根据客观情况与环境来调整自身的。因此，把握好机，就随时随地无往而不幸福。到了这时候，这就会如禅诗所说的那样："青青翠竹，尽是法身；郁郁黄花，无非般若。"眼前所见，无不是美丽的事物。这时，他已无须用审美的眼光来打量世界了，因为审美与美已合为一。

如何理解这种中观的幸福呢？这种中观幸福使我们想起了禅宗。是的，在某种意义上说，中观幸福确是像禅宗那样强调幸福是由"心"定。只要主体心境幸福了，那么，外部世界的一切无不会作为幸福的对象物而存在。按照禅宗的说法，"平常心是道"，只要去除心中一切执著妄念，保持一颗平常心，那么，则无往非道，无处非道，无时非道。

而且,道就是眼前。假如将这其中"道"字替换为"幸福",也可以说是无往而不幸福,无时无地而不幸福,幸福就是眼前。故从强调"法由心造"这点来说,中观与禅宗的看法是一致的。

但对于执的理解来说,中观与禅宗的说法就不完全相同。依禅宗看法,执是心中的执,所谓去执是破除心中的执著;而就中观来说,它要破除心中之执,但并非要破一切执,而是在破除心中之执著之后,让一即一切法与一切法即一这两种类型的执及其多种形态随时随地地加以呈现。故可以这样说:中观是去除了心中之执,而保留了中观之执。而中观之执才是世界之本体存在方式,以世界之本然方式去认识世界,这就谓之中观。而当世界以这种中观视野呈现出来的时候,主体之观与世界之本然相合而为一,或者说人与世界结成一种中观的关系,这种关系其实已无所谓主体与非主体,也无所谓幸福与否,而这才是最高义的幸福。

看来,中观的幸福的确有点神秘,甚至于不可说,但是,作为一种关于幸福的精神体验,它的确是存在的。这种对于幸福的精神体验不同于对于无执的幸福的心理体验,在于它体验到的幸福是遍布于一切事物之方方面面,而非像顺生的幸福那样只是在追求某种幸福时才产生的直线型的幸福;它是无时无刻不在,而不像适意的幸福那样只是在追求幸福的过程中才遭遇幸福。它随时随地当下呈现的,而非像无执的幸福那样与本体世界合一时才会产生幸福。

总之,幸福体验的弥漫性而非直线性、恒常性而非流动性、当下呈现性而非依存性,是中观幸福之不同于顺生、适意与无执的幸福的特点。看来,就幸福的体验来说,这其实是一种主体的心之境界,是一种较无执的幸福境界更高层次的幸福境界。惟其如此,对于常人或凡人来说,它不仅难以达到,甚至可以说无法攀登。虽然常人无法达到与体验这种幸福,但不等于这种幸福是不存在的。通常,常人只能感受与体验常人的幸福,而无法感受非常人的幸福;虽然无法感受与体验非常人的幸福,但这种非常人企及的幸福却可以思议。中观的幸福就属于这种超出常人所能感受,但凡人却可以思议的幸福。对于能感受并体验这种中观幸福的人,我们称之为"真人"。

现在,我们可以来总结一下了:上面,我们从如何追求幸福这个问题开始,发现有四种追求幸福的方式:顺生、适意、无执、中观。其实,它们既是追求与达到幸福的方式,同时也表现为不同的幸福类型。因为追求幸福方式的不同,往往就决定了我们能感受或体验到何种幸福。因此说,这四种方式,它们既是追求幸福的方式,同时也是实现幸福的境界。换言之,它们既是实现幸福的手段与方法,同时也是幸福本身。于是,作为幸福的方法与本体在它们之中达到合一。这四种方法都是幸福,但它们的幸福的含义并不完全相同,孟子说:"可欲之谓善,充实之谓美,大而化之之谓神,神而不测之谓圣",用于比喻这四种不同的幸福是最适当不过了。其中,各人追求各自向往与适合自己的幸福,可以说是一种"可欲之谓善"的幸福。但何为适合自己?真正的适合自己是适合"本我",只有将个体的本我完全表达与实现出来,才是幸福,这是一种"充实之谓美"的作为过程的幸福(即将本我呈现出来,个体才由衷地感到充实)。而彻底破除了任何执著,包括消除了"我执"的幸福,强调的是幸福之本体,这才就是"大而化之之谓神"的幸福。但这还不是幸福之极致,最高义的,或者第一义的幸福是不追随任何既定方向与目标,无往而不适的幸福,这种幸福深不可测,甚至不可思议,已经属于"神而不测之谓圣"的造化幸福了。

就这四种幸福方式来说,前面两种:顺生与适意,是我们常人可以达到的幸福;无执的幸福,是常人难以达到却未必不能达到的幸福(达到的话可以称为"圣人");中观的幸福是常人无法达到的幸福,虽然无法达到,但它可以思议与想象。这种思议与想象对于我们去追求幸福并非是多余的。

有人说,常人就仅仅去会作那些知道自己能够达到的事情,而无须去做那明知自己无法达到的事情吧?对于幸福的追求也是如此。问题是:假如我们不去追求与努力,我们又是如何知道或者肯定我们的能力之范围与大小的呢?

从这点说,我们只能说,作为最高义的中观幸福,目前的我们知道我们无法启及,但岂知哪一天,人类的进化会向"真人"接近,或许有哪一天会达到的。故而,无执的目标虽然目前无法达到,却不仅给我们以想象,而且还成为我们追求幸福的动力,甚至是愈是难以达到或无法达到,愈是激发起我们追求幸福的希望与梦想。这正如目前我们所知道人是"有限性的理性存在物"那样,明知人类无法达到无限,却依然要去思议与追求那无限一样,对于中观幸福的追求也是如此。只要追求形而上学是人的本性的话,那么,对中观幸福的追求也就会与人类追求幸福的活动相随行。

然而,不论中观的幸福能够实现与否,至少,我们还可以去追求那个体难以实现却可能实现的无执的幸福,更可以去追求那任何常人都可以实现的幸福。这样看来,认清追求幸福的方式与类型,对于我们个体的人追求幸福来说意义重大。而尤其重要的事情是我们必须为追求幸福而行动与努力。无论何种方式与类型,就作为幸福而言,它们都是相通的。这里所谓相通,是指它们作为幸福,都是个体所值得追求的幸福内容对世界的审美体验,并且是个体对世界的审美体验。而作为审美体验来说,幸福的内容是比追求幸福的方式与类型更为重要的东西。换言之,追求幸福的方式与类型只决定我们获得幸福的形式,而幸福的内容则属于幸福的实质或"质料"。"能有出入,式无内外",[①]能出入于式。因此,为了获得实实在在可以感受到的幸福,感受或体验幸福作为质料的一面给人带来的精神冲击与震撼,我们有必要进一步探索如何获得幸福的质料。如何获得幸福的质料同样属于

---

① 金岳霖:《论道》,北京:商务印书馆,1985年,第32页。

如何追求幸福的艺术。由于它们构成幸福的质料而非形式,我们将它们称之为"幸福的生成"(constitution of happiness)。

第二节 幸福的生成

所谓幸福的生成,并不是说个体的生活假如缺乏了这些原素就没有幸福;而是说由于它们的存在,生活才可以成为幸福的享受。从这种意义上说,这些生活原素与其说是幸福之为幸福的必要条件,不如说是使幸福生活能够增添幸福内容的构成性因素。就是说,生活离开了它们依然可以成为幸福的,但假如这些原素从生活中全都剥离掉的话,那么,幸福生活将会是难以享用的,甚至于变质而成为单纯的精神性存在。也可以说,这些原素其实是将幸福的超验精神性层面与幸福的感性经验层面、本体性存在与现象性存在加以结合的方式。而作为这种结合的粘结剂的原素愈多,则其体现幸福的内容就愈具体、丰富与多姿。其实,幸福生活之所以被人们向往与欣赏,有时候就在于它的这些感性层面与具体生活内容。从这里可以发现幸福与幸福感的并非同一。幸福感是作为个体与世界处于幸福共在关系时获得的一种精神性与心理体验,而幸福则是个体与世界的共生关系。而这种共生关系当它被"客观化"而成为生活的内容,并且被个体享用时,作为主体的个体才会有幸福的感受与体验。从这种意义上说,幸福不仅仅是个体的精神性体验与心理感受,而且这种精神性体验与心理感受指向具体的存在之物与现象界之域。而幸福一旦指向具体的存在物与现象界之域,则这种幸福就不止于是个体的人的孤立审美经验与体验,而成为一种可以共知与共享的审美知识。而审美经验作为知识可以共享,幸福至此也才具有相互主体性的认知基础而获得了社会公度性与普遍性品格。

一、幸福与审美力

一个人要获得幸福,或者说其体验幸福感的强弱,与他作为审美个体的主体能力有关。这种能力称之为审美力。所谓审美力,是指主体在体验或者享受幸福时的一种审美式的先验的鉴赏能力。之所以说审美力是先验的,是因为它不得自于某个或某些具体的审美经验或体验,而成为任何审美的幸福体验的前提与先决条件。一个人的幸福审美力愈高,则他能够体验的幸福感则愈强,反之则愈弱。假如一个人全无审美力,则他作为个体很难享受与体验到真正意义的审美幸福。

1. 美丽与心境

幸福之所以同个体的审美力有关,是因为幸福与美丽有着内在的关系。在日常生活中,我们常常会将幸福生活与美丽生活联系起来,认为幸福生活一定是美丽的。说有美丽的事物,比较好懂,而且通常美丽总是作为审美的对象而呈现的,比如说,姣好的面容,美好的身姿与仪容,秀美的风光,美轮美奂的绘画与精湛的歌舞表演,乃至于可人的花草鱼虫,各种精致的工艺品与室内布置和摆设,等等。这些无不是作为美丽的对象物而存在于现象界的,它们通常就是我们所说的审美对象。可是,什么是美丽生活呢?其实,从常识的角度讲,美丽生活就是说生活中遇到美丽的事物使人心情愉快。当生活中遇到的美丽事物愈多,人的心情愈快乐,这也就意味着人总处于幸福的状态。而当一个人经常或老是处于这种因遇见美丽事物而获得的审美愉悦当中,这就说明这个人过的是一种幸福生活。

然而,尽管我们每个人都希望遇到美丽的事物,并且老遇到美丽的事物,但常识告诉我们:我们却难以老遇到美丽的事物,甚至很难遇到真正令你心动的美丽事物。这样的话,幸福不就与你绝缘了吗?其实,生活中并不缺少美丽的事物,正如生活中不缺乏幸福一样,难的是一双发现的眼睛。因为生活中的美丽与其说是现成摆在那里,不如说是我们通过审美的眼睛所"发现"的。这正如"情人眼里出西施"的道理一样。

打个比方,就自然风光来说,同样的夜色如水,一轮明月照洒大地。这时候,诗人会诗兴大发,吟唱道:"月白风清,如此良夜何?"而对于盗贼来说,这皎白的月色却不利于他作案抢劫,假如他也会做诗的话,恐怕只会吟唱并喜欢"天高杀人夜,月黑放火天"那样的场景。而同一个黄巢,面对一样的菊花,因心境不同,所题的"菊花诗"就前后判若两样。可见,事物或景色美丽不美丽,是由人的心境所决定的。对自然景物的感觉如此,对生活状态的感受就更如此了。所以,颜回居陋巷之中,食用简单,由于心态良好,竟也"回也不改其乐"!① 故一个人只要心态良好,眼前的一切会无不美好,就像颜回那样居陋室也能活得幸福快乐一样。一些宋代理学家因为心态良好,眼前任何普通寻常之物,在他们眼中都是教人流连之美景:"闲来无事不从容,睡觉东方日已红。万物静观皆自得,四时佳兴与人同。道通天地有形外,思入风云变幻中。富贵不淫贫贱乐,男儿到此是豪雄。"(程颢:《秋日偶成》)

这样说来,表面上看,美丽似乎是在外部世界之中,而且是客观存在的对象物,其实不然,它是由审美的眼睛创造的;而审美的眼光,又是由我们美好的心态所决定的。因之,为了美丽,为了与美丽结伴而来的幸福生活,就让我们时时保持一种美好的心境。有了美好的心境,我们就可以发现美。生活中本来不缺乏美,难的是观赏与体验美的心境。

2. 装饰

但要能欣赏生活中的美丽或美,仅仅有良好或美好的心境还不

---

① 《论语·雍也》。

够;美丽的生活通常还需要"装饰"。这是因为,生活或自然中虽然不缺少美,但这种美往往还不足够丰富,无法完全满足人类的精神需要与想象;于是,人需要对各种生活事物与自然状态进行加工,以创作出更多的美与各种各样的美,以满足人类对美的需要。更何况,美在日常生活状态中不总是显现,以至于人们在日常生活中总得与不美甚至于丑的事物打交道。这时候,人们就会想到美的创造与制作,而装饰则是对日常生活中的美进行加工与提炼的方式之一。

通常,装饰是指对日常生活与自然状态的事物进行的一种美学加工。这是因为自然的事物的样式与品种无法满足人类的审美需要,这时候,具有审美眼光的人对其进行美学处理之后,使之成为可供人进行审美的对象物。生活中这样的例子比比皆见。比如说,普通人喜欢对自身的相貌与身材进行美学加工,于是有了美容术以及健身房的出现。面部美容的审美观赏是人所皆知的,而健身房的健身肌肉锻炼与其说是为了获得强壮的身体与增进体能,不如说主要是为了满足对人体美的审美性需要才产生的。而对装饰的需要,不仅有着巨大的消费市场,而且还促进了社会的生产,最终还产生了社会的多种行业。甚至可以说,社会上多种行业的出现与繁荣,都由人类对美的装饰这一天性所带动。比如说,衣服有各种着装,早已脱离了蔽体之简单需要,而是为了满足人对外形的审美要求。而人类对居所及各种场馆的建造与布置,也早已不出于纯粹实用的考虑,而是为了追求某种美学效果。可以说,就现代社会来说,小至日常生活用品,大到各行各业的发达,都是由于世界的自然状态已无法完全满足人对美丽事物的需要,而导致对自然事物的美学加工这一因素所决定的。

看来,正是通过对自然物品的美学加工,不仅为人类的生活增添了审美的对象,而由于这些审美对象的增加而使人的审美获得了多样性的满足,使人们能随时随地与美丽的事物相遇,从而提高了人们在日常生活中的幸福指数。最重要的是:这种对于自然物品的美学加工本身,也由于是一种审美的制作与创作活动,从而可以给人带来快乐与幸福。在对自然物的美学加工过程中,不仅创作者能够体验到审美创作的幸福与快乐,甚至于对于自然物的美学加工过程又成为审美对象,于是,出现了各种对于技艺的审美鉴赏,而这种对于技艺的审美鉴赏,亦成为日常生活中不可或缺的美丽生活内容。

3. 文饰

然而,人对自然物品的美学加工除了通过物化形式得以表达之外,还希望这种物化形态的加工能体现人的"精神"。这种着眼于精神意义上的修饰谓之"文饰"。在其前面所说的作为装饰品的人类制作中,其实就有不少是渗进了精神性因素的。比如说,华美的着装不是为了蔽体与御寒,是为了体现人的审美需要,那么,这种审美的标准就不仅仅限制在形色的外表方面,或者说,是要通过形色之外表来体现人的精神性审美。居室的装饰亦是如此,表现上看,居所的布置是通过各种器具等物品的装饰来实现的,但这些装饰却因人而异,而且要适合与表现居所主人的精神性趣味。因此,就人类大量的装饰性制作来说,其形式性审美与精神性审美往往是混合在一起的。

人类的文饰活动不仅通过对自然对象物的美学加工得以完成,而且指向人自身。换言之,人也将自身作为精神性的审美物加以雕塑。这种对人的精神性美学加工,其表现形式丰富多彩,包括对人体美的雕造,通过绘画来表现人的各种活动,等等。通过对这些表现人的精神的美学作品的鉴赏,审美者可以获得幸福的体验。

但人类的真正意义上的、区别于装饰的纯粹精神性文饰活动,很重要的一项是礼仪——大至国家的重大节日庆典与仪式、小至个体日常生活中的行为礼仪。我们看到,这些礼仪活动除了具有某种象征性意义之外,还由于通过它表现了或体现了人的精神,从而成为审美的,而且,作为礼仪的承担者的个体,在这种礼仪的实施与执行过程中,会体现到精神性的快感与幸福。这就是为什么在日常生活中,人类需要有各种仪式,而且发明与制作出愈来愈繁复的仪式形式与内容。原因无他,就是为了满足人的精神性审美需要。可以想象一下,假如没有这些繁文缛节的仪礼,人类的日常活动会多么地单调,甚至于也毫无美感可言。而人的日常活动之审美体验,很大程度上是通过这些无处不在的仪式活动得以呈现的。而人类正是通过这种礼仪活动来展示它特有的精神之美。

当然,作为人类精神性文饰活动之更重要与典型的体现,是人类对精神文化产品的创造。这主要体现在人文学科的各个部类,包括文学、艺术、宗教、史学,人类学,等等,正是通过这些人文学的创作与评价活动,人的精神性存在得以充分地彰显。这也是为什么人文学的创作与审美活动,能够给人带来极大的幸福体验的原因。

4. 情趣

然而,无论是自然物的审美欣赏也罢,人类的精神性装饰与文饰也罢,它们要能进入人的审美活动之中,成为幸福体验之源泉的话,除了需要美好的心境之外,还同作为审美主体的个体的情趣有关。换言之,以外在方式存在的审美对象要能被个体作为审美对象加以观照,还同个体的主体的审美力之一——情趣有关。也即是说,假如周围环境中有不少可以满足审美要求的对象物,但个体由于缺乏审美情趣,就会对这些审美对象的存在显得麻木不仁,甚至于对这些对象物产生一些非审美的其他欲念。这说明,审美之实现,还视个体主体之有无审美情趣而定。

作为幸福感之源泉的情趣不等于乐趣。我们看到不少人的生活是充满乐趣的。这表现在他(她)们生活得丰富多彩,并且兴趣广泛。比如说,有人平时喜欢娱乐,玩耍,周末喜欢郊游。对于这些人来说,一天 24 小时实在不够,因为生活中尽兴的事情实在太多。应该说,这些人的确生活过得有趣,而且能够寻找到生活的乐趣。但这里要将情趣与乐趣区分开来。乐趣是对生活中本来就令人快乐的事物或事情的享受,它具有对象性的存在物;就是说,某一样东西或事情是否有乐趣,不决定于我们,而由对象物本身决定。虽然不同的人会对不同的东西或事物发生乐趣,但乐趣之产生,是由客观存在的对象所产生的,并且受限于外部环境与条件。假如我们对打排球感兴趣,但眼前没有排球场地,或者有了场地,却缺少打球的伙伴,这样的话,我们就无法实现打排球的乐趣。又好比我们喜欢郊游,但由于工作忙而抽不出时间,或者有了时间,却由于经济条件的限制而无法远游。这说明:乐趣是建立在外部世界的物质基础之上,而且受外部世界的条件限制的。

而情趣不同。情趣是由我们自己的眼睛发现的。这还不只是说对一些人来说是情趣的事物,对另一些人来说未必是情趣;而是说在通常不被人们视之为有趣的事情,对于真正有情趣的人来说,可以发现其中的情趣。这与其说这种人对于乐趣的看法与兴趣不同,不如说是他能从原来大家不感兴趣的东西和事情中发现乐趣。因此,情趣与其说是本来存在于外部世界当中,或者说取决于外部环境与条件,不如说是由有情趣的人创造出来的。

有情趣的事物只属于对于生活有情趣的人。或者说,对生活有情趣的人必会发现生活中的情趣。打比方说,在公交车站台等候公交车是人们普遍感到厌烦的事情,就等车本身来说,实在谈不上会有什么乐趣。但对于有情趣的人来说,他会利用等车这段时间好奇地观察周围的一切。这时候,他会发现有一些事物,是他平时忙碌的时候根本不在意的,而这些事物却很有意思。比如说,他会利用这候车的时间观察周围人们的穿着,发现不同的群体,甚至不同年龄段的人竟会有如此不同的衣装打扮;他还会根据这不同的衣着款式,猜想这些人来自何样的地区,从事何种职业,甚至于有何爱好、趣味,等等。据说小说家就喜欢做这种事情,故小说家是最擅长于在生活中发现乐趣的人。又比如说,与朋友一道到一家餐厅吃饭,原以为这家餐厅菜色不错,而且服务很好,没想到来到以后,等了大半天还不来饭菜,好歹后来菜上来以后,不仅菜色不好,而且还发现了苍蝇,这实在是扫兴的时候,尤其是与好朋友一道进餐,会感到后悔进这家餐厅。但对于有情趣的人来说,他会感到这当中却有好多好玩的事件,不然还不知道天下有"盛名之下,其实难副"这一道理。因此说,对于有思考问题的兴趣的人来说,这眼前的苍蝇,不过成为启迪他思想发酵的酵母而已,而根本无法败坏他观物的兴致。可见,所谓情趣,从根本上来说,就是善于与乐于发现生活中令人愉快与高兴之事物的一种心理能力。

5. 趣味

趣味与情趣不同:情趣是指主体对某个东西或者某件事物所吸引,觉得这个东西或事物很好玩或者有意思,并且在心理上有适意或愉快的感受,它是主体应对外部环境的一种心理能力;而趣味则是个体的一种主体审美鉴赏与评价能力。刚才说了,情趣虽然指向客观对象,但情趣本身不存在于客观对象当中,而是由个体在与外物打交道过程中发现甚至创造出来的。而个体能够在对象物中发现或创造出何种情趣来,就依赖于个体的人是否具有鉴赏与评价情趣的能力——趣味了。另外,情趣是针对某样东西或某种事物而发的,具有当下性,属于一种情感性的心理反应;而趣味作为一种主体品格或心理结构,则具有统一性或连贯性。换言之,情趣是由具有趣味的个体遇到某个东西或某件事情而触发的心理现象与感受,而趣味是导致情趣出现的个体心理结构与品格。

趣味作为一种个体心理结构或个体品格,可以是分为类型的,比如说，不同的人会对不同的事物发生兴趣，或者从一般人感觉不到兴趣的东西中发现某种情趣，而另一些人则会对其他事物发生兴趣，或者从同样的东西与事情中发现不同的情趣。这说明情趣是因人而异的。情趣偏向之不同，说明作为引发情趣的个体的趣味类型也就不同，这正如同样伫立街头等候公交车，有人喜欢观看行人的衣着与神态，而有人则会盯着公交车路牌而联想翩翩，更有人会显得"目中无人"，因为他此时正沉溺于某种其他事情而"想入非非"，眼前杂乱的景象于他的思想世界完全无碍。看来，情趣之不同有如人脸相之不同。但无论如何，既然这些人面对如此杂乱且让人心烦的景象而能保持从容的心态，并且觉得眼前的景象有意思而兴致盎然，这说明他们都是有趣味的人，不过彼此的情趣不一而已。趣味与其说是因眼前某件东西或某个事物而起，不如说是个体看待事物与生活的一种根本态度乃至于生活方式。

一个真正有趣味的人不仅能随时随地发现和创造出有情趣的东西与事情来，而且他本身对其他人会有一种吸引力。这种吸引人，可谓之趣味的吸引力，它一点不亚于像美味、美色对于常人的吸引力。我们发现人与人之交往可结成多种关系：有同僚之间的工作关系，有亲属之间的血缘关系，有生意场上的伙伴关系，等等，而在这诸多关系中，有一种关系是任何其他关系不能代替的，这就是"朋友关系"。当然，朋友关系也有多种，但真正的纯粹朋友关系应当是精神性的，而这里的精神性指彼此发现有共同的兴致。就是说，我喜欢与这个人交朋友，不喜欢与那个人交朋友，除了其他偶然原因之外，纯洁或纯真的朋友关系一定是彼此聊得来。而所谓聊得来，是因为彼此有共同的话题，而这些话题内容是排除了其他各种外在目的与利害关系的，否则就不是真正朋友关系而是其他人际关系（当然不排除朋友之间除了是朋友关系之外，还可以有其他关系，即不同的人际关系是可以共集于一身的）；而朋友关系之所以珍贵，就是因为朋友之形成一定是彼此之间是能"聊得来",而这种聊得来,是因为聊谈的内容完全是"兴之所至"的。而所谓兴之所致,就是既可以无话不谈,又是随意性的,否则就是某种有目的性或有针对性的讨论问题。正是在这种无话不谈,而交谈的内容又可以调动起彼此的兴致的轻松交谈中,才形成了真正的朋友或者说"精神契友"的关系。而与有趣味的朋友交往,对于重视人与人之间精神相契关系的人来说,无疑是使他享有了"精神上的圣餐",于他来说,其珍贵性一点不亚于维持身体机能的物质营养。因此,在生活中选择有趣味的人作为朋友是重要的,也是他的人生享有幸福的重要条件之一。

有趣味的人不仅仅知识渊博,而且是能将知识转化为情趣加以享受的人。我们发现:有些人知识面广,世上发生的事情几乎无所不晓,甚至于历史人文知识也颇为丰富,但不知为何,他说出来的东西,却难以提起听者的兴致。这说明知识渊博与趣味并非是同一码事情。趣味的形成固然离不开知识,但知识代替不了趣味。所谓趣味,就是能将普通的,甚至于司空见惯的事情经过精神性的反刍与回味后上升为一种审美的愉悦享受,它本质上是一个精神性而非知识性的概念,属于个体人的某种精神禀赋。与有趣味的人打交道是快乐的,而有趣味的人不仅善于发现生活中的乐趣与情趣,而且能给他人带来快乐。就在这种发现情趣,并且给他人带来快乐的过程中,有趣味的人自己也会感受到幸福,这种幸福既因他在周遭事物中发现了兴致的快乐,也包括他因通过交流使其他人也感染了或分享了他的兴致而起。萧伯纳说过:你给我一个苹果,我给你一个苹果,我最后所得的还是一个苹果;但你给我一个思想,我给你一个思想,我最后获得的是两个思想。幸福同样是这样:你有一种快乐,再给朋友一种快乐,朋友的快乐情绪也反过来感染了你,你又分享了朋友的快乐,于是最后有了两个快乐。趣味的分享就是这样:假如你的趣味能与别人分享,那么,你的幸福感必须会双倍于自己独自体会的兴致与趣味。这正是孟子在劝说梁惠王时所说的"独乐不如众乐"。

6. 品位

生活中有不少人喜欢给人逗乐子,也善于给人逗乐子(如相声演员),但是否这些逗乐子就成为"趣味"了呢?非也。趣味之所以不仅有"趣"而且有"味",在于它不只是能给人带来乐趣。假如仅仅给人带来乐趣,那么,这样的人可以称得上是一个快乐的人。与这种人打交道是开心的,但仅仅是开心的。我们发现能给人带来快乐或开心的人,并非能成为朋友,而顶多是在某种场合下可以彼此"打诨"或随意聊天而已,这种随意聊天,完全是漫不经心,而且事后完全就忘却了的,这与和真正默契的好友与知音聊天的感受完全是两回事儿。这说明逗乐子这事与趣味二者,其实是有着天大距离的。趣味包含着趣与味。趣,相当于快乐之事或使人快乐,而味,则是需要慢慢地品味,才得其"味"的。这说明真正的趣味虽然包含快乐或使人惬意的成分,但这种惬意与快乐仅是其外表形象或包装,而就在品尝这种惬意与快乐之中,是应当深得其味的。什么是味呢?与真正的朋友(所谓"知音"或"知友")聊天,其言谈之"味"往往是意在言外的。这种"味"既依附于其谈话的内容,但又跳出或超出了谈话题材本身。这就好像读诗一样,人们之所以读诗,主要不是要知道诗歌中描述的景致或作者倾吐的主观情感,而是要通过这些景致的描述与情感的倾诉来体会或品位某种"意在言外"的东西也就是"味"。而人与人之间之结成朋友关系,正是在交往过程中发现有共同的趣味,而且能体察与欣赏彼此的趣味中之味才成为朋友或知友的。

真正有趣味的人,其与人聊谈的内容不仅有"味",而且有"品"。严格来说,趣味因为具有品位才区别于普通的乐趣,也才可以被称之为真正的趣味。"品"代表趣味中之格调,品位之不同,也即趣味格调之不同。趣味之格调不同于趣味之风格。趣味之风格可以多端,就犹如菜肴之味道多样,不同的人可以因不同的"口味"而对不同味道的菜看发生兴趣,但区别趣味的质之高下标准的,却是其格调。我们说,一个人的趣味愈有品位,则其作为审美对象愈是值得鉴赏。假使他是一个通过审美来追求幸福的人,那么,他的品位愈高,则他愈会感受与体验到这种审美的幸福。故对于有趣味的人来说,品位其实反衬出一个人的精神品格的维度。一个人愈是追求品位,他就愈会追求精神性的幸福,而且也愈能享受与体验这种精神性的幸福。从这种意义上说,趣味风格之不同,表现的是一个人的审美之外在形象,而对趣味中品位或者说格调之欣赏,才体现一个人的内在精神风貌。从这方面来说,一个人愈有品位,他愈能享受或者获得愈大的幸福;而与一个有品位的人交谈或者做朋友,也会给人带来幸福。何以言之?这涉及到对幸福感是否可以划分为层次,以及幸福是否可以通过幸福感来比较其高下的问题。按照马斯洛的说法,幸福感源自于人的基本需要是否得以满足。而人的基本需要有五类:安全的需要、生理的需要、爱的需要、尊重的需要、自我实现的需要。这五种基本需要按照从低到高的阶梯可以分为五个等级。马斯洛认为这五种需要得到满足的话,人就会感到幸福。但他还提出,较低等的基本需要获得满足给人带来的幸福不如较高一级的基本需要获得满足给人带来的幸福。换言之,愈是高层的基本需要得到满足,个体获得的幸福愈多。这意味着对于马斯洛来说,幸福与其说是一个量的要领,不如说是一个质的概念。而这里,马斯洛将人的"基本需要"划分为五个等级,其实是从"品位"来加以划分的概念。从马斯洛的理论可以看出,所谓品位不是其他,就是对能给人带来快乐或幸福的东西或事物的一种鉴赏或评价能力。人的品位愈高,他愈会去追求那种能给人带来更高或最高快乐或幸福的事物,或对之更容易发生兴趣;反之,人的品位愈低下,他就愈满足于低等的事物,甚至以获得这些低等的满足为快乐或幸福。品位,不仅反映了一个人的爱好,而且是检验一个人的精神世界高下之尺度。一个人对精神生活的追求愈强烈,或者说他对高等基本需要的追求愈强

烈,则他的品位就愈高,反之则低。

但作为领略生活中之情趣的品位,虽然是一种精神性的概念,它却不是理论的空谈或抽象的说理,而是渗透于每个人的日常生活世界的。这主要还不是说具有高度精神生活追求的人,只会对高等的基本需要发生兴趣,而是说真正意义上的品位,是能够从表面上看来是平凡的人的日常基本需要中发现并且创造出高级的情趣来的,这才是品位;反之,假如仅仅汲汲于高等需求而一味地拒斥低等需求,甚至担心受到低等需求的"污染"而禁锢人的较低层的基本需求,这还不是真正地懂得"品味"。真正懂得品位生活的人,是那种哪怕在表面上看来非常平淡,甚至于枯燥无"味"的东西与事物中看出或品位出快乐与幸福之味道的人,这才称得上真正得生活之味。这样的人,也才能随时随地地发现而且品尝到生活的幸福。

自然,这种品位是需要学习,而且有待于修炼才能渐渐地养成与完成的。品位之不同于人的天生禀赋,就在于它是后天形成的。人对某种事物产生兴致而从中感受到快乐或幸福,而对另一种事物不会产生兴致,甚至产生心理不适或感觉不快活,这固然有人的先天方面的因素,甚至包括其作为生物性遗传的因素(如人见到粪便感到厌恶,遇到美色感到快乐),但作为导致幸福而不仅仅是引起快乐的个体的主体品格的品位,其更多地是精神性的而非生物本能的特性或生物遗传。这才是品位与人的其他生物性禀赋相区分的分水岭。我们发现:就对于快乐这样的停留于感觉层面的感觉能力来说,人在基本生理方面的能力或者说潜质是相差不太大的(相对而言),而唯独在体验幸福的品位方面,其差异却是相当大的。这方面,人与人之间的差别,恐怕远远要大于人与动物之间的差别。原因是由后天条件与环境所决定的。

7. 教养

真正的高级快乐或与幸福相联系的精神性幸福,是由人的精神品格所决定的。所谓精神品格,是一个广义的概念,既包括人的道德能力,也包含其审美趣味。它们都在人的审美过程中起重要作用,并且与人的后天生活环境有关,是在社会中以潜移默化的方式渐渐养成的。但审美趣味作为一种教养又与道德修养有区别。如果说道德修养是教人如何做一个"有道德"的人,以使个体能够与社会群体和谐相处,并且有助于社会风化的话,那么,教养的目标,则在于通过教育与学习,让个体能够更好地去体会与欣赏世界与生活之美,从而能更好地品尝到生活的幸福。故而,教养是要教人学会品位生活,其功能主要是幸福的而非道德的。

为此,不仅教养与道德有别,而且要将教养与通常的知识学习区分开来。通常,我们在学校进行的是知识教育。这些知识教育主要是为了让人能够学到各种专业知识与技能。故知识教育又可以说是专门知识的教育。为了更好地掌握专门知识与技能,知识教育还包括为学习与掌握好专业知识所必需的普通教育或基础教育。无论如何,知识教育是为了我们以后更好地掌握知识与技能,以便从事专门性的工作与职业。从这种意义上说,知识教育服从于功利或功效的目的。这种功利目的并不为非,因为我们每个个体为了谋生,需要有专门训练与技能;而一个社会的经济发展与社会进步,也离不开各种实用的知识与技术(包括自然科学、社会科学的知识以及各种专业技能训练)。故专门知识教育对于一个正常的社会与个人来说,都是必不可少的。但是,作为一个个体,除了要学习专门知识与专业技能之外,我们每个人还应当学习专业之外的知识。假如这些知识的学习不是为了专业技能或专门知识的需要，而出于让个体懂得生活，学会更好地理解生活，并且有助于个体去获得幸福的话，那么，这些教育内容就可以纳入"教养"的范围。教养的内容很广。其实，真正的教养的学问又是不能截然地与知识教育区分开来的。打个比方，对于自然科学的学习来说，假如一个人学习它，是为了学习与掌握专业知识，为了他以后能胜任专业工作的话，那么，这种学习于他来说，就是一种专业知识的教育。但假如他学习自然科学的目的并非如此，而是纯粹出于好奇与探索，是为了想了解世界之奥秘，或者是出于理论与思想上的兴趣，那么，这种学习于他，就成为一种教养的熏陶了。可见，区分知识教育与教养的界线，不在于是否学习知识，而在于学习知识的动机与目的。正因为如此，中西古代分别有"六艺"或"七艺"之学，是将各种学问，包括自然科学，以及艺术、语言学等等都包括于其中，作为教养的内容来传授的。

尽管各种知识的学习都可以增进人们对于世界、社会以及人事的了解，并且这种知识的学习本身可以使人获得精神的享受，从而使人在学习过程中体会到精神的幸福，然而，就增进人生的幸福而言，有一种教养却是必不可少的；或者说，于个体幸福生活的获得来说，其作用却是更为重要与明显的。这就是人文学的研习。人文学的内容很广，其部类也很多，包括文学、艺术、历史、哲学、宗教、人类学、语言学，甚至某些社会科学，如政治学、法学，等等。看来，作为教养学的人文学的范围，其边界是很难截然划分的。但是，相对而言，人文学主要是关于人与社会的知识，而不像自然科学那样主要是关于自然世界的知识。人文学的内容由于反映的是人类的社会生活与精神生活，通过它的学习，可以增进我们对社会与人类精神生活的了解，从而有助于我们体察历史与现实中的人如何去追求与实现幸福，并与之产生共感与发生共鸣。更何况，像文学、艺术等等这样一些人文科目，它们与审美有直接的关联,或者说其本身就是审美的;通过对它们的研修,可以提高我们对于世界的审美鉴赏,其对于个体幸福生活的营造,作用更是不可待言。

说到这里,应当对于教养的内容与学习再作补充。以上所言,仅仅是从学科或学问的意义上来谈教养。其实,真正的教养与其说是作为学科或学问来学习,不如说更多地是一种技艺,或者说是生活的技艺。从这种意义上说,假如仅仅停留于从知识的角度来学习与掌握人文学,包括艺术,还不是教养的全部内容。真正的教养,是要通过人文的学习与研修,来提升个体的精神境界,从而获得精神的幸福。

为达到这个目的,教养必须要通过人文学与艺术门类的学习与研修,使人能够"变化气质"。我们每个人作为现实世界中的个体,总得"食人间烟火",首先要使人的最基本的低层需要,即温饱与安全得到满足,然后才去追求其他基本需要的满足,而在这种追求最低层的基本需要的过程中,我们每个人难免会为"物欲"所困,即将这些最低层的基本需求视之为我们个体生命的最重要甚至是全部的内容。其实,从追求幸福的角度看,物质性生存仅仅是人的基本生存条件,而并非生活的全部内容,更不是幸福生命本身。个体幸福的真正实现,只能是精神上的幸福。而人文学的学习与研修,其重要意义就在于能够激发起我们追求精神幸福的愿望,以免于个体在这个不得不生活于其中的物欲世界中沉沦,而去对物欲世界与低度基本需求进行超越。尽管精神性生命或追求超越是我们每个个体生命生而俱有的,但是,它只是作为一种"潜能"或"潜质"埋藏于我们个体的心中。这种"潜意识"状态的精神生命,就像一颗"种子"一样深埋于个体心底,假如没有外界的环境与阳光、雨露,它是很难发芽并且茁壮成长的。而人文学的教养,就是催生个体心底这颗"种子"的阳光与雨露。人文教养对于幸福生活的重要性,于此可以一斑。

8. 兴味

说到这里,可以看到有教养的人会去追求那种精神上的幸福,而教养则有待于个体后天的学习与培养。因此,对于教养的形成来说,其学习或研修方式是相当重要的。教养的学习不同于专业知识的学习。作为专业教育的知识,即使我们对之不感兴趣,但出于功利的或实用的考虑,我们会去学习,而且也能学习得很好的话,那么,教养的研习就完全是另外一种意义的学习了。离开了个体主体的兴趣,这种教养的内容是很难掌握的;而且,即使学了或者懂得了,也无法提高他的品位。这就是为什么我们看到,在现实生活中,不少父母都希望下一代能掌握到人文教养的"才艺"或"技艺",为此花费了不少心血与时间,而效果不佳。更有一些生意人在事业成功以后,不仅物质生活无忧,而且具有了闲暇,也想到要通过人文技艺的研习来获得幸福,但由于对这些人文教养的技艺缺乏一种本然的兴味,故这些人文技艺的东西对他们来说始终是外在的,称之为"附庸风雅"。虽然这些人对人文技艺的追求是好事,但始终难以从这种人文研习中获得或体会到乐趣或幸福。

这样看来,教养固然可以通过后天养成,但其最后是否"开花结果",能否化作个体获得幸福的源泉,还同另一个颇重要的因素有关——兴味。作为个体的审美力,兴味与情趣、趣味和品位容易发生混淆,但它们之间仍是有区分的。其中,情趣是指发现生活中的美的一种能力,趣味是指具有这种情趣的人的一种人格结构;品位是人对审美对象的审美鉴赏能力;而兴味则指人在审美过程或审美鉴赏中最终是否能否获得幸福的主体能力。这样看来,尽管审美离不开审美之情趣、趣味与品位,但在由审美而达致幸福感的出现来说,兴味之有无是具有决定性意义的。或者说,假如一个人要经过审美而获得幸福,则视他是否对于美之事物产生出兴味来。兴味不仅在由审美到幸福之间起着桥梁与承接作用,而且是将人的其他审美力,例如装饰、修饰、教养之能否与幸福加以联接的粘结剂。换言之,假如装饰、修饰和教养不能激发起主体的"兴味",那么,它们也就成为外在的个体的活动与行动,最终会与幸福无缘。而且,假如说美好心境是作为审美的个体的主观心理因素之必备的话,那么,在日常生活中,一个人要维持良好心境并非那么地容易,这方面,需要个体对美好的事物或者周围环境的东西都具有一种审美的本然兴味。

从这方面说来,兴味可以说是保持个体良好心境之手段,而良好心境可以说是对生活发生兴味之后的结果。那么,兴味到底是什么呢?"兴者,情也。谓外感于物,内动于情,情不可遏,故曰兴。"[①]它指的是主体在某种情景或状态下能够对外物或外部世界触发起一种审美感的能力。说不同的人对世界的审美能力不同,不如说是其对世界兴起审美的能力的不同更为恰当。有人天生易对世界兴起一种审美,而有的人的这种能力则较难以唤起。故以上作为审美诸要素的情趣、趣味或者品位之养成或发生,最后皆取决于个体之是否对世界与生活具有兴味,或者其兴味之强弱与否的主体能力。

9. 幽默

但是,在人的种种幸福原素或个体的审美力中,有一种是较之以上诸种原素来说却是更为重要的,这就是幽默。幽默与幸福的关系,正如盐与海水的关系一般。海水中假如没有盐,就不是海水;而地球上各处海水品质之不同,还决定于盐的含量。在这种意义上说,幽默可以作为幸福的"符号":当一个人在生活中感受到幽默的时候,他会是幸福的;而当一个人具有幽默感的时候,他才会是一个真正幸福的人。

虽然如此,幽默却是一个很难定义的词语。这正如在生活中,有些人认为这些事情是幽默的,而另一些人却会发现另一些事物是幽默的一样。对幽默之所以人解人殊,说明幽默是由人的幽默感所决定的。那么,幽默感到底是怎么回事呢?这里,我们可以将"笑"与幽默

[①] 贾岛:《二南秘旨》。

感联系起来，或者说，幽默感就是一种能"笑"的能力。说起笑来，无人不懂，因为在生活中谁都可以发现令人发笑的事情。但当亚里士多德将人定义为"唯一能笑的动物"时，这话的意思就不好懂了。因为我们发现除了人之外，有一些高等动物，像黑猩猩，也有和人的笑相近的面部表情，甚至于一些低等动物，像宠物猫在高兴时也会做出一些特殊的面部表情，这时候，我们以为这猫会笑，哪怕它笑的样子和人类不同。其实，这种对笑的理解，是将笑与快乐的面部表情或神情联系起来，这种笑的表情是不少动物在快乐时都会表现出来的。显然，说人是会笑的动物，不是指这种意义上的笑。亚里士多德认为笑是人类特有的，一定还有其他的意思。其实，我们发现人类之区别于其他动物，主要不在于笑的表情之不同，而在于人为什么会笑，对什么事情发笑。因此，人与动物的笑的区别，在于其笑所指向的意义的不同。这时候，我们发现人类除了与其他动物一样会因外部世界满足了他的一些欲望要求而面部表现出快乐的表情之外，还有一种笑的本领是人才具有的，这就是人会因为他发现了事物之"真相"而笑。这说明幽默感的产生是与人对外部世界的功利要求完全无关的。当一个人完全被外部世界的功利性要求所左右与决定时，不会产生幽默感；只有在人暂时脱离对事物的功利或利害性要求时，才会出现幽默感，这是因为看出了或洞明了事情或事物之本然真相而发出的"会心一笑"。

  问题是：笑什么？什么是事物本然存在之真相？在有幽默感的人看来，世界上的事情或事物都是以"悖论"的方式存在的，而幽默之会心一笑，就出自于因突然领悟或看出了这种事物之悖论存在真相而产生的精神上的快感。有幽默感的人除了自己能体会到这种幽默带来的快感之外，也愿意通过言语与行为的形式将它加以传达。在通常情况下，针对某些个别现象或事情的幽默容易传递与交流，这种幽默会以"传染"的方式感染其他人而让其他人也体会与享受到快乐。但假如幽默感超出了对某些个别事情或事件的理解，而扩充为个体对世界的整体经验与体验,甚至转化为其与世界的共在关系时,这种幽默感通常就难以被他人分享,而成为他个人独特的精神幸福。

日常生活中,幽默通常以如下两种形式出现:

(1)滑稽或谐趣。在现实生活中,幽默常常表现为滑稽与谐趣。比如说,我们说某样事情让人看来觉得滑稽有趣,是指事物的表面现象与本质发生了"乖离",即事情本不如此,却偏要表现得如此,因此使人发笑。而当我们说某个人的言谈谐趣,是指这个人于表面轻松的说法中却包含着深刻的寓意,或者说他善于以亦庄亦谐的言辞揭露出事情的"自相矛盾"之处,从而使人对事情的真相有"豁然贯通"之感。这里要注意的:生活世界中,人们通常喜欢将自己的言谈或行为以正面的方式加以表达甚至夸大,或者有意识地掩盖其行为的缺陷和弱点,这就是所谓的"一本正经"。而作为滑稽或谐趣的幽默,就是要揭穿在这种一本正经的外表做作,以暴露其"破绽"或让人看出其中的"不正经"。故滑稽或谐趣之所以能使人产生快感或愉悦,是由于看破了或道破了事物的表面正经或严肃背后的真相,而使人获得了一种理智的享受或欣赏,故作为幽默的滑稽或谐趣,其实是以理智的观赏作为对象。这种幽默感不仅与个体人的理智发育程度有关,并且还体现出个体的人格与性情。假如一个人的理智发育水平还不够高,或者遇事放不下,将任何事情都看得"太严重"的话,那么,即使他虽出于本能对事物之悖论存在方式有所觉察或感悟,但却拙于理智的表达形式,或者由于对事物的看法过于"执著"而在揭露事情或事物之"悖论"时显得要么古板、生硬,要么变得虚饰与做作,这种以死板或虚饰之方式出现的幽默就不再是幽默,而只沦为"插科打诨",或者其本身的表演就让人感觉"滑稽"。

(2)荒诞感。如果说滑稽或谐趣的对象通常是个别性的事物的话,那么,将这种滑稽与谐趣上升为对周围事物或世界的总体认识与看法,这种幽默就称之为荒谬(或"黑色幽默")。对于荒诞来说,事物是无不假正经，世界是无不假正经。故荒谬感是对世界的一种看法或"世界观"。但切莫误解了这种作为幽默的荒诞感与对事物或者世界采取不严肃或随意态度的所谓荒诞，后者其实不能称之荒诞而只能称之为"虚无"，这是一种对生活采取根本无所谓态度，并且也否认有真正幸福的不严肃态度。而世界的荒诞感恰恰源自于一种对于生活的严肃态度以及对幸福生活的执著追求。只不过由于现实世界与这种幸福的理想太过背离，而且这种背离还由于现实境遇成为一种世间的丑陋甚至对于幸福的恐怖与迫害力量。这个时候，也只有在这种时候，具有幽默感的个体便将世界予以荒诞化。荒诞化实即不合理化或不真实化。故荒诞其实是对丑恶甚至邪恶世界的悬置与否定。当然，正因为现实丑恶现象或邪恶势力之严重或强大，这种悬置或否定只能是精神意义上的。但是，正因为是精神意义上的，故任何世上的邪恶势力再强大，其对这种精神意义上的悬置与否定又是无法去加以摧毁的。

故荒诞其实就是以精神力量之强大来反衬现世丑陋或邪恶势力之虚假的比照方式。它与幸福的关系是：正因为是从精神上对丑恶势力的否定，它就是任何现实邪恶势力之奈可不得，并且不可征服的。这也说明，对于执著于追求幸福的人来说，在任何恶劣势力的压迫与环境之下，生命个体追求幸福的权利与能力都是无法剥夺的。而由于荒诞感是以精神表现的形式揭示或揭露了表面上强大的邪恶势力其背后的软弱无能与无力，而且，愈是表面上要装腔作势的恶势力，其实就是最软弱与最"外强中干"的。而世界与个体生命的荒诞感即源于它处于这一荒诞的世间现实，故作为幽默的荒诞感则源于它以个体生命体验甚至于直面这一严峻事实，由于能感受甚至承受这一事实，个体体验到一种从精神与人格上，或通过精神与人格来战胜世间恶势力的快感，这种快感就是由体验世界之荒谬而来的幸福感。我们看到：世间邪恶势力愈大，或者个体遭遇的邪恶迫害愈甚，则具有幽默感的个体便愈会以这种荒诞的形式来表达其对于世界与生活的幽默。这是我们在二战期间德国法西斯集中营中被迫害的一些囚犯身上所看到的。

从以上看来,作为幽默的两种基本形式,谐趣与荒诞既有其共同处,都是对世界存式之假正经或表面严肃这一现象的揭露,但就其揭示之方式和方法是不同的。作为幽默之表现形式的谐趣,其风格是轻松的,它的表现内容与个体的生存境遇无关,故其作为审美的欣赏着眼于思想的形式与技巧;而荒诞的风格虽表面轻松,骨子里却是极其严肃的,并且由于与个体的境遇发生联系,故其不只着眼于形式的欣赏,而且渗入了个体对于世界的存在体验。这方面,作为幽默的风趣与荒诞,与作为审美方式的优美与壮美有可以相比拟之处,即它们一者属于形式,一者是不限于形式,而且包含有质料之内容的。

二、幸福与性情

在考察人获得幸福的主体能力的时候,我们发现个体的幸福的实现与否,以及在多大程度或多大范围内实现,除了以上诸条件之外,还同人的性情有关。换言之,性情与其他审美力一道,参与人的幸福体验的形成,也成为个体的审美人格的一个方面。所谓性情,有似于个体的性格与心境,不同于性格的方面在于:性格是个体在与现象界打交道时呈现出来的某种癖性与"脾气",它更多地由个体的生物性遗传因素所决定;而性情则是个体与世界交往时较恒常的一种心理态势,它更多地依

赖于后天的人格培育与养成。区别于心境的方面在于：心境是在个体与现象界打交道时的某种心态，它是个体应对外部世界的一种情绪性反应；而性情则是决定个体心态与情绪活动的更基础性的心理基质，属于个体的一种相对稳固的心理状态。

与个体的幸福相关的性情包括多方面的原素，现对如下的一些加以论列：平和，谦卑，宽容，闲适、激情，中正，自信。

1. 平和

平和是指心气的平静，表现在待人接物的不虚骄、不急功近利和处理事情"淡定"，等等。由于外部世界的多变化与多诱惑，我们平常人并非总能以"平常心"来看待与处理事情。这正如老子所说的"五色使人目盲，五音使人耳聋，五味使人口爽，驰骋畋猎使人心发狂，难得之货使人行妨"①一样，即使像睡梦这样的状态下，有些人也显得心气浮躁与难以平静，让自己的梦境被许多无关的琐碎事情所占据，从而早上醒来时精神委靡。而心气平和的人思虑浅，欲望少，故不会让日常琐碎事折磨得自己心绪不宁。从这里可以看到，真正的心气平和属于一种精神的涵养，与做事情的节奏缓慢无关。做起事情来节奏快的人未必气态不平和，反之，做事慢条斯理的人未必心态平和。平和作为一种主体素质外显为个体的行为特征与情绪反应，是性格稳重，遇事沉着，并且情绪稳定。心态欠平和的人则容易情绪焦虑或性格躁动。

平和气态的人容易获致幸福，是因为幸福是一种精神性体验，这种精神性体验须返回内心作自我的观照，需要的是内心的虚静。而当一个人心态不平和，或者说由于其心灵经常处于"逐物"状态时，心绪容易受到外部世界的种种事情干扰而难于平静。在这种状态下，个体既难以体会，更无法享受内在的精神幸福。这不是说心态平和的人无

---

① 《老子·第十二章》。

须与外部世界打交道,也不是说他"不食人间烟火"或对外部世界无所追求,而是说,他会以一颗"平常心"来看待世间的一切。因此,对于外部世界的所得与利益,其得也罢,失也罢,从来不会破坏其良好的心境。因为一个人心态平和,才能超出世俗利益的考虑,而对世界采取一种审美观照之态度。假如个体在心境不好或不平静时,是难以接收或体验世界发出的幸福信息的。换言之,心灵没有处于安静与平和的状态,反倒老被其他事物占用了,在这种情况下,其对于本该是幸福享受的事物会产生干扰作用,甚至会使幸福感变味或变形。比如说,当一个人心绪不佳,或者老是"沉不住气"的时候,是很难要求他对幸福感有较细致的体味或感觉的,因为他的心思已被其他事物干扰。反之,一个心气平和的人,则由于专心于或集中于幸福的体验,故更能享受到幸福。

平和心态之所以容易获得幸福,更重要的还因为只有个体的心灵处于虚静与平和的状态下,他才能打破人我的界限与物我的界限,而进入那天人合一的境界。换言之,真正的天人合一的幸福之境,是以主体的能够体验天人合一的心理状态作为前提条件的。这种天人合一的心理状态要在个体心理上呈现,意味着个体的心境要从对现象界事物之关注向本体世界的转移,这种心境转移只有在心态平和时才容易发生。故从心理机制来说,心态平和是对幸福感体验的内在要求。

讲到这里,作为幸福类型的日神式幸福需要平和的心态,因为它要求的是心理的返回本我,这容易理解。其实,就酒神式幸福来说,尽管这种幸福体验以心理能量的流向外部世界为特征,但这种体验毕竟是一种心理能在两个方向——现象界与本体界之间流动,所以,作为最高本体之栖息地的心灵,仍然是需要平静的,否则,它无法容纳或藏寓心理能量,而只会让心理能量仅拥挤在外部世界而没有回流至心灵本体。这就无法获致幸福,顶多只能感受来自于现象界的快乐。

2. 谦卑

前面在谈到幸福人格的时候,说具有感恩之心的个体在感受到造物主的恩宠时会有一种"谦卑"之感,这是从幸福感之形成的心理机制上言说的。其实,谦卑不仅是个体接受或体会造物主之恩宠时的一种心理状态,而且还是容易获致幸福的个体的一种恒常心态或性情。换言之,只有个体心态时时处于"谦卑"状态时,才容易体察与接受造物主的恩宠,而且容易接纳来自于外部世界的幸福信息。故作为幸福感体验的谦卑之情与个体之谦卑心态其实是同一事物的一体两面,只不过一从心理过程或心理机制来说,一从心理结构或主体心态立言。这两者的关系是结构与功能的关系。作为心理过程或心理机制的谦卑之所以能发动,在于有能提供这种心理机制的谦卑之恒常心理状态。从这种意义上说,谦卑作为幸福主体的个体心理原素,决定着个体能否体察与接受造物主的恩宠。

与谦卑相反的主体心态是狂妄。所谓狂妄,意味着自以为个体的无所不能,包括谋取幸福的无所不能。在这种狂妄心态的支配下,个体不仅以为他能够随时任意地获得他想要的任何幸福,而且对于他已获得的幸福并不满足,于是,愈是狂妄,则愈是想要拼命谋取幸福;愈是狂妄,愈是看不起他已经获得的幸福而还要去追求其他幸福。其结果是:愈是狂妄,愈对幸福之不满意而失望;愈是狂妄,愈拼命追求幸福却因不能达而失望,心态狂妄的人就老处于这种因幸福之不达而失望所带来的痛苦之中。具有谦卑之心的个体则不然,他知道在茫茫宇宙之中,有无数的生命与其他个体,而在造物主眼里,他作为这茫茫宇宙中的一个有限性生命个体,本是渺小与微不足道的。因此,任何来自于造物主或外部世界给予他的快乐与幸福,他都应当以感恩的心加以接受与回报。不仅仅如此,具有谦卑之心态的个体对于造物主与外部世界赐予他的幸福容易感到满足。是的,茫茫宇宙中有那么多的生命个体,为什么是他,而不是其他生命个体承受了这份幸福?还有的是茫茫宇宙中有那么多的生命个体遭到毁灭,世间有那么多的人遭受种种苦难,而为什么他竟然能躲过此劫?这时候,他除了对造物主施于他身上的恩宠会感恩之外,还会产生一种对于任何外来的施舍不要太过贪婪,不知满足的心情。故与谦卑心态相联系的是不贪婪与容易满足。而一个人只要不过于贪婪和容易满足,则会从生活与世界中随时随地发现与获得幸福。

具有谦卑心态的人不仅不贪婪和容易感到满足,而且随时随地对来自于造物主与外部世界的恩赐会表示报谢与感恩,而在这种答谢与感恩过程中,他会与世界结成一种伙伴与朋友关系。这时候,他的幸福感不仅来自于外部世界的赐予,而且他想要对世界加以回报,而这种对世界加以回报的幸福,其幸福感对于感受到生命之谦卑的人来说,其幸福感的体验甚至要远远大于来自于外部世界赐予的幸福。因为这种幸福感不来自于偶然的某时某地,而是伴随着个体生命终生,随时随地能实现与体会的;这种幸福感不是来自于外部的赐予,而是从个体内在的生命中发生出来的。

3. 宽容

幸福是对美好事物的追求与获得,但世间事物并非全然是美好的,而个体所遭遇的事情也并非都遂人之愿,假如遇到不太美好的事物依然能保持美好的心境,则必须有对外部世界的包容之心。就是说,外部事物即使不那么美好,但不要让它影响到我们的美好或平和心境。这时候,我们在与外部世界打交道时要学会宽容。宽容并非指对不美好或丑陋事物在价值上的认同,而是排除丑陋事物甚至丑恶事物对自己美好心境干扰的一种能力。个体在遇到丑陋事物或丑恶事物时会有产生一种"厌恶"的本能反应,此本属人之常情;而且,一个人的善恶是非之心愈明,则他面对丑陋或丑恶事物的厌恶本能反应也会愈甚。但就个体之获得幸福而言,对事物的厌恶反应容易破坏良好的心境,或者使心态不容易平静。这时候,学会宽容,就能在善恶是非之感与心态平静之间达到一种适度的平衡。

宽容一方面与个体的本然心性有关。通常性情温厚的人遇事不焦急,不上火,对人对事都会包容,但另一方面,真正的宽容是须经过后天的学习才能养成的,它是个体运用理性驾驭与控制人的本能不良情绪反应的能力。它需要我们对于客观存在的外部世界有一种清醒、理性的考量,即认识到我们并非生活在一个所遇皆美好,以及不存在丑陋与丑恶的世界。为了在不那么美好的世界中,甚至是面对丑陋甚至邪恶时,依然能保持良好心态而不丧失对幸福的追求,则我们理应对丑陋与丑恶事物之存在有一种清醒的判断与认识,即丑陋与丑恶不会因我们的不良情绪反应而自动消失,反之,我们应当学习和掌握与丑陋事物打交道的能力。因此,宽容意味着个体对于事物的认识要分别两种判断——价值判断与价值中立判断。前者,是指我们对事物从价值观上作善恶与对错的评判;后者,意味着我们要排除价值性判断,对事实作一种客观存在的事实分析。以丑陋为例,即承认丑陋事物之存在是一种客观的事实。因此说,宽容并不意味着逃避或逃离现实,以及对丑陋事物的害怕与惧恐。不是的,真正的宽容代表一种强者的气度,他是不会被丑陋甚至于邪恶的东西所吓唬倒的,只不过是对于丑陋作一种不屑一顾的态度,哪怕这种丑陋甚至邪恶力量貌似强大。

但与某些强者喜欢或敢于与丑陋邪恶势力作正面交锋不同,具有宽容之心的个体,除非是出于道义与责任,或者事关重大,一般情况下,他对丑陋或丑恶事物之态度,通常会"绕道走",甚至于采取一种"逃避"态度的,这是他在幸福问题上加以权衡之后作出的理性选择。他知道人的生命是弥足珍贵的,而且,人的生命是应当用之于对美好事物与幸福生活之追求的。即使说在某种情势下,对坏人坏事的斗争有助于人间的美好,但"斗争"本身并非是幸福事物本身,因此,除非不得已,就追求个体幸福的实现而言,他是不愿让丑陋或邪恶事物影响他自己的视线,或者因作丑陋与邪恶的"清道夫"来玷污其手的。故宽容不仅对客观世界的认知是理性的,而且意味着与丑陋和丑恶事物打交道时的运用理性。

因此,在某种程度上,宽容的确包含着对不美好事物或丑陋现象的容忍,但这样做,并非是善恶不分或是非不分,而是在认识到事情有善恶、是非之分前提下的对于丑陋与邪恶现象的容忍。容忍并非是对坏人坏事的迁就或姑息,而只是为了不要让主体的心境被其破坏。就幸福之获得来说,宽容本身并非目的,而只是保持良好心境的手段与方式。而要使宽容达到这个目的,最好的方法莫过于"忘",对丑陋的东西彻底地加以"忘记",即不要让这些丑陋的东西留在自己的心里,心中不要被这些东西所纠缠。只有这样,主体的心境才能单纯与平和。故宽容不仅代表主体对于世界的认知态度,更重要的是主体与世界交往的一种实践能力。一个人在任何情况下,包括在遇到恶人恶事的情况下仍然能够不动怒,不被坏人坏事牵着鼻子走而破坏其良好的心境,实在是受宽容之赐。故一个人要获得幸福,培养主体素质的极其重要的一个方面,是要学会宽容。

4. 闲适

其实幸福之获取与享用,还有一个相当重要的主体条件,这就是个体处于闲适状态。与心境平和不同,闲适一方面是心境的,同时又是关于肉身的。就是说,只有当一个人不仅心境平和,没有过多的心理负担,而且在行为或行动上,确实没有太多的被卷入"逐物"之中时,他才有可能去实现与体验幸福。反过来,当一个人没有闲适心境,也没有闲适时间时,他无法去追求幸福,更难以体验幸福。但这不意味着他在"逐物"过程中不能感受到快乐的刺激,但由于这种快乐刺激缺乏只有在闲暇状态时才能享受到的精神性愉悦与精神体验,故不能名之为幸福。

从这种意义上说,闲适与其说是获得幸福的手段与方式,毋宁说是体验幸福感的主体身心状态。闲适对于幸福的追求来说之所以重要,是因为幸福不仅仅是一种追求幸福的活动,而且还是对于幸福追求过程或活动的一种主体的内心感受。而这种内心感受并不能归结为追求幸福的活动或过程本身。这就是为什么有些时候,有些人的生活状态在他人眼里明明是幸福的,但他本人却不能感受到幸福。这种情况的产生与其说是因为他不懂幸福,或者像人们常说的所谓"身在福中不知福",不如说是因为他的整个身心还未有处于闲适之中,故而当幸福光顾于他的时候,他却无法体会这种幸福。从这种意义上说,无法享受闲适,其造成的后果要比缺乏幸福的外部条件与环境更为严重。因为假如实现幸福的外部环境与条件不具备,通过个体或者社会的努力,还可以去争取,而唯有闲适,却是他人与社会环境所无法提供,而有待于个体自己去实现的。

这里要注意的是,闲适不意味着懒散,更不是"无所事事"的别名,而是指要使个体的整个身心对幸福呈现敞开的状态。但无可否认的是,假如一个人整天有众多事务性工作要处理,或者整天因思考某些复杂而且难处理的事情而心绪不宁,则这些繁忙的事务的确会影响与降低他感受和体验幸福的能力。因此,所谓闲适虽然不是说不做事情或少干杂务,但它至少意味着我们要将自己尽可能多的时间与精力,留给幸福的感受与体验。否则,整天为事务性的事情而忙个不亦乐乎,别说无暇去追求与体验幸福,即使幸福光临于他,于整个处于忙碌状态的他来说,也会对其麻木不仁。

故而,就实践层面上来说,所谓闲适就是学会一种简单生活的能力。我们每个人的生活世界都并非是那么地简单或单纯的,每个人每天有诸多的事情要忙碌与处理,一辈子有很多事情要忙碌与处理。这样看来,忙碌与无暇似乎是每个人与生俱来的、无法逃离的日常生活状态。然而,正因为我们生活于这样一种繁忙的生活状态之中,我们才需要闲适,而且要学会体验闲适。所谓闲适非他,就是学习简单生活,或者说,是学习如何将繁忙的生活变得简单或化为简单的生活能力。闲适首先意味着心态的转变,从闲适之心态来说,人生中有许多事情是不需要那么地忙碌,甚至于不用为其操心的。一旦具有了闲适之心，这时候，我们就会舍得放弃许多在日常生活中，我们认为不得不做，或者说不得不为之奔忙的事情，这样的话，我们就会有了自己可以自由支配的时间与精力，从而去追求与享受属于自己的幸福。闲适还意味着对生活的批评与鉴赏能力。我们的人生之所以忙碌，是因为我们在生活中有许多的欲望想要去实现。而闲适则意味着我们要学会对这些生活的欲望进行鉴别与选择，即分清哪些是属于幸福之内容，而哪些是与幸福无关，甚至是有害于幸福的。一旦作如此的鉴别与取舍，我们发现幸福的生活其实是简单的。因此，有了闲适，就靠近了幸福，而学会享受闲适，使整个身心都进入闲适状态，也才能体会幸福。

5. 激情

生活需要激情，而幸福的享受更离不开激情。所谓激情非他，就是去追求并且要让某种事情实现的主体的内在冲动或心理内驱力。人要做好任何事情都需要激情，而对幸福的追求来说更是如此。试想想看，假如一个人缺乏追求幸福的激情或冲动，幸福于他来说，是可有可无之事，或者只是等待外部世界或他人赐予之事，那么，他能够享受或体验到幸福么？肯定不能。因为幸福是个体的主动争取与选择的结果，而所谓主动争取与选择，则离不开激情。一个人愈渴望与实现幸福，就愈需要对于幸福的激情，反过来，一个人对于幸福的追求愈富于激情，就愈有可能实现与体验幸福。故幸福之追求与对于幸福之激情，实在是问题的一体两面，追求幸福就是对于幸福的激情。假如一个人只有幸福的愿望，却缺乏对于幸福的激情追求的话，那么，他不仅无法获得幸福，更难以体验幸福。

激情作为幸福原素，不仅为个体之追求幸福提供了实践的驱动力，而且还铸就与决定了个体享受与体验幸福的品质，使个体真正领会了幸福生活之丰富与充盈。换言之，是生命的激情使对于幸福的追求显得令人神往与色彩斑斓，并且增添了幸福感的强度或浓度。生命激情愈强大，则个体感受与体验到的幸福感就愈强烈，反之则弱。而一个对于生活毫无激情的人,则无论外部世界如何美好,他对其都可能无动于衷,故也就从根本上无法欣赏生活之美好,也无法感受与体验生活中之幸福。从这种意义上说,有无生活之激情,从根本上决定与制约着个体体验与感受幸福之多寡与大小。

要注意的是,生命激情不仅仅是指对于外部世界与外部事物的关注与兴趣程度,更重要的是指一种对于生命能量的激发,它源自于一个人的本我能量,属于获得幸福感的"原型"。荣格在解释人格的生命能量的时候,提出每个人都有"阴影",它同焕发生命激情的原型有关。从这种意义上说,儿童的生命激情往往较成年人更强,生活于文明社会之外的人往往比生活于文明社会之内的人具有更强的生命激情。这是因为,成年人以及文明人往往以一种过于理性与工具化的方式来看待与理解世界,而理性与工具化思维往往会斲丧生命的激情。但人类的生活世界无论如何又无法完全摆脱或逃离理性与工具性思维,因此,如何保持与培养生活的激情,不让激情被现代生活所伤,具体言之,如何在理性与激情、工具性思维与价值性思维之间保持平衡,于生活在现代社会中的人来说,其实是一道难题。

这里,要避免对激情的误解,将其与对欲望的追求与贪欲区分开来。幸福的激情源于生命追求天人合一的内在冲动,它渴望的是人的本性的内在回归,即追求人与世界的最终合一,而物欲从本性上来说源于天人二分,渴望的是对于世界的索取。故真正的幸福的激情不是由对外部世界的欲望所引发,而是来自于个体内心世界之充盈。从这方面说,激情虽然有其生物本性之依托,却体现出人的精神性的一面,是人的精神性借助其生命本能的付诸实践形式。因此,幸福的激情并非人的本能的盲目冲动,而体现了个体的性情,尤其是人格的力量,其中包含着个体对于最高善的向往。一个人的精神力量愈强大,对于最高善愈是向往,或者说,其人格力量愈强大,则愈会富于幸福的激情。因此说,对于幸福的激情,实在是个体人格力量是否强大的重要指标之一。而幸福激情的培养与增进,与其说是任凭与依持本能冲动,不如说是将个体的精神人格导入于本能冲动,让其接受教化的洗礼变得崇高。从这种意义上说,一个充满生命激情的人,首先是一个精神崇高的人。

6. 中正

从上面看来,人之性情的许多方面,都影响到个体对幸福的体验。但在这诸种性情原素当中,还有一种对于个体之获得幸福,以及幸福之质量高低来说,是更为相关的,这就是中正。中正之作为性情的原素,其重要性犹如幽默作为审美力与幸福的关系一样。可以说,在前面谈到的诸种属于幸福的性情原素来说,都需要有中正这个原素来加以调整与把握其尺度。即言之,在性情之诸种原素中,假如缺少或舍弃了中正这个原素,则其作为幸福之性情原素则不完美。因此,中正虽然也可以视之为幸福性情之一种,其在个体追求幸福的过程中,却是参与到其他诸种原素中去发挥作用的。或者说,任何美好的幸福性情原素,都离不开中正。

中正作为实现幸福的方法论原则,应体现如下要求:适度、变通、适合(不是任意的,更不是现象界之必然律与自然律的,而是自然的合目的性,自由与自然的统一)。它们作为体现性情的方法论原则在其他诸种性情中发挥作用。

所谓适度,是指任何行为与活动都要掌握一个"度"的标准,对于幸福的追求来说也是如此。这话的意义是说,假如对幸福的追求离开了度,则可能会导致幸福的变形,甚至追求到的不再是幸福。以前面所谈到的幸福之诸种性情为例,它们都是主体获得幸福之必须的因素,但当这些性情原素作为幸福之主体能力发挥其作用时,一定要把握其度。比如说,平和固然是获得幸福之主体的重要美德,但平和的绝对化与僵硬化,反倒容易消解主体追求幸福的热情。故而,对于生情平和的人来说,要注意勿使其平和之性走得过远而流于空寂。换言

之,要让平和之性能够保持对于世界的开放性,切勿使其丧失生命的热情。谦卑之心亦如此,谦卑容易使人满足现实,或者使人变得谨小慎微,这同样会妨碍对幸福的追求。因此,如何不失其谦卑之心,同时勿使其异化为谨小慎微甚至对于生活采取唯唯诺诺之态度,对谦卑之度的把握实在是一个重要的问题。宽容亦有一个度的问题。表面看来,宽容是对一切事物,包括对丑陋事物采取"等闲观之"的态度,这的确是避免人的心态被丑陋事物与不良环境干扰的不二法门。但是,绝对的宽容常常是"懦弱"的代名词。这里且不说对丑陋甚至丑恶事物的一味迁就与无条件容忍是否能带来主体心境的平和,退一步说,即使从理性上接受绝对宽容的原则,但绝对宽容原则的实施,其导致的后效可能不是防止坏人作恶,而是姑息养奸,让丑陋与恶行更得以蔓延,这客观上是不利于幸福的追求的。因此,要防止对宽容作片面化的理解,宽容虽然为追求幸福题中应有之义,但其间亦有一个度的要求。对于闲适来说,中正的适度原则是指不能"矫枉过正"。因为生命本能包含着两种冲动——酒神冲动与日神冲动,它们在幸福的追求过程中,分别体现为感性冲动与形式冲动,如果说闲适本是针对或防止人的本能的感性冲动过于猛烈而发,这在现代社会中物欲过于强盛的情况下有其必要与针对性的话,那么,假如将闲适加以绝对化与片面化,则它可能会导致个体生命能量之萎缩,这恐怕就与追求幸福需要生命的本然冲动相悖,故而,闲适作为幸福之性情元素,其中也必须贯彻适度原则。至于激情,它具有用以对治现代社会中工具理性片面伸张的作用,它来自于人的生物性本能之遗传,因此,正常的个体人格中从来不缺乏激情之原素,难的是在不伤害生命激情的前提下,将其导致理智的轨道并加以"教化"。这样看来,激情作为个体追求幸福之原素,本就需要体现适度的原则,否则它就将不是真正的、有利于幸福的实现的性情原素,而只是人的纯粹生物性本能。

通过以上分析,可以看到,所谓中正的适度原则,就是在任何幸福原素转化为个体追求幸福的人格动力时,勿让它走得过头,要防止它的片面化与绝对化。此也即古人所说的"不偏之谓中,不易之谓庸"①也。

所谓变通,是指在追求幸福过程中,个体要根据不同情况随时随地调整追求幸福的方法与途径。从前面所述可知,全面的或完整的幸福应当是包括不同幸福类型在内的,而且不同的幸福类型的实现,参与其中的个体的性情原素也不同。这是因为,对于任何个体来说,幸福的实现意味着在某个具体时点中,外部世界的诸种幸福因素与个体主体的幸福原素之间的碰撞与化合。假如这种碰撞与化合可以恰到好处,主客结成一种"时中"(指"此时此刻")的幸福共生关系,则意味着个体实现了幸福。讲到这里,所谓个体并非是抽象的,而必然性是在作为具体的个体世界的某种具体时空中展开的。换言之,个体的幸福其实是一种殊相的人与世界的共在关系。因此,个体幸福其实是说以殊相的人与世界中呈现出来的幸福。而要在世界的殊相中实现个体的幸福,也就意味着要把握个体与世界的殊相存在方式,以便在世界的殊相中实现个体的幸福。"势无必至,理有固然"的意思是指幸福有幸福之理,但幸福之理在哪个具体时点中出现,此中无必然性,既不可测,更无法先知。但这绝不是说个体的幸福不可能实现,而只是说

---

① 朱熹:《中庸章句》。

任何个体的幸福终究是以殊相的方式才得以呈现,因此,把握住幸福呈现之机,将个体的幸福能力与世界之机很好地结合,也就体现与实现了个体的幸福。从这种意义上说,中正不仅是适度,更是审时度势。或言之,所谓适度也不是抽象的,而是在具体的时空中实现的。不同的时空,有不同的追求与实现幸福的方式,其度也在此时点中,故作为幸福之个体之主体性原则的中正概念,亦可以名之为"时中"。孔子这样评价"时中"说:"君子而时中",①可见时中在孔门幸福哲学中的重要地位。

所谓适合原则,是指每个个体在追求与实现他自己的幸福时,要选择最适合他自己的方式与模式。此点在前面论述幸福的"范导性原则"中的"顺生"与"适意"时已经提出。这里要补充的所谓"适合",是指要适合个体的样式与类型。每个个体之所以是个体而不是其他个体,说明每个个体都有不同于其他个体的特性与类型。此种特性与类型不是就其殊相形态来说的,而是就其普通样式来说的。个体的普通样式不同于其殊相形态,就殊相来说,每个个体都是独一无二的殊相,而就个体的普通样式来说,则是区分为类型的。比如本书第一章将幸福人格划分为的 8 种类型,以及酒神式幸福与日神式幸福,等等,如此的划分,是将不同的特殊的个体从追求与实现幸福的方法,包括心理机制上进行经验研究以后作出的分类,它说明每个个体追求幸福都有其相对固定的方法与心理机制。因此,对此种方法与心理机制的认识有助于个体对于追求幸福的模式的选择。其所以如此,不仅仅是说假如了解了幸福的个体类型,就可以通过类型学的方法来促进幸福的实现,更重要的或者说更根本的,是通过这些类型学的分析,可以让我们知道个体幸福作为现实中或者殊相世界中的幸福,既然划分为类型,因此,幸福类型也就成为一种个体与世界的共在。这也意味着假如我

---

① 《中庸》。

们选择了不适合自己个体的幸福类型的实现幸福的方法与途径,则从类型或道理上说这是幸福,但具体到你自己这个个体上,则未必是幸福,甚至可能是痛苦。这是我们在日常生活中经常见到的事情。比如说,在最能体现人间幸福的爱情与婚姻问题上,假如父母将其适合于他自己的幸福类型及其由之而来的幸福标准乃至于幸福的方法强加于儿女身上,要是这种爱情的幸福内涵适合于儿女的个体类型还好,假如不适合,则未能给儿女的爱情与婚姻带来幸福,甚至会成为加之于其头上的痛苦。

  适合原则对个体之所以重要,还在于每个个体不仅划分为各种不同的幸福类型,而且其幸福是在具体的时点中实现的。这点尤为重要,这意味着我们每个个体的所有行为与活动,包括追求幸福的行为与方式,都被限制在某个具体的时空中。它的严重性在于,假如我们个体在某种时空中选择了这种实现与追求幸福的方式与路径,则不得不放弃那另一种或其他更多种实现幸福的方式与路径。这就好比哲学家赫拉克利特所说的"人不能同时踏入两条河流"一样。幸福不是作为对象物客观存在于某个地点等候我们去选取的,而是个体与世界结成的某种关系,而在生命的某个具体时点中,个体与世界的幸福不是此种,便是彼种或者其他类型的。因此,即便我们某个个体在幸福类型上具有多样性或者混合性(如本书前面所指出的那样,个体多半是不同类型的复合体),但当我们作为个体去追求或实践幸福时,我们不得不要么选择此种,要么选择彼种类型。我们无法在同一特定时点同时享有此种与彼种类型,这是人作为有限性的存在的不得不然,任何个体都无法超越他这种作为有限性存在的限制。当然,情况也可以这样:既然个体的类型划分不是非此即彼的,而且个体常常会兼有各种不同的幸福类型,这确实是生活中常见的事实,这意味着我们作为个体是可以有选择幸福类型的自由,而且可以实现与获得不同类型的幸福。但即便如此,却改变不了个体在体验与获取幸福时受个体有限性制约这一事实。这是因为,即使某个个体生来兼有多种幸福类型,或者说是不同幸福类型的混合体,这意味着他以个体方式去追求与实现幸福时,不同的幸福类型皆可以适合于他。但我们注意到可以适合于他,未必就能同时地在他身上实现(以上所说);而假如他此时选择了此种适合于他的实现幸福的类型,彼时又选择了适合于他的另一种类型(前提是他是幸福类型的混合型或多变型),应该说,虽然他在某个具体时点中都选择了适合于他作为个体的幸福类型,并因此而可以享受与体验到幸福,但个体幸福体验的经验告诉我们:他虽然从这些都适合于他的幸福类型中都获得了幸福感,但这些幸福感当中,其幸福的体验很难等量齐观。就是说,不同的幸福类型的体验于他,是有幸福感的强度以及深度之差别的。这时候,他不得不在这不同的幸福类型之间作出抉择:就其一生追求幸福的目标来说,他会选择哪种幸福类型?当然,情况也可能这样:他或者会作出这样的选择,在某一时空中,他会选择这一种类型的幸福,在另一种时空或境遇中,他又会去选择另一种类型的幸福。这种情况不是没有,在现实生活反倒是经常会发生并见到的。其实,这种幸福类型的多变性与不确定性,并不能给个体带来更多的幸福。我们知道,幸福不是快乐。快乐可以是多变的,而且需要经常变动其内容或者说"花样翻新"的,而幸福是个体与世界的一种共在关系,既然是共在关系,它就不会是老变动的。其实,人要通过幸福与世界结成幸福关系,不仅仅是为了体验幸福感(这固然是幸福之作为幸福的题中应有之义),而且还要通过这种幸福关系来确立自我与自我认同。幸福的追求说到底,不能仅仅归结为享受幸福或者体验某种幸福感,最重要的还在于通过这种幸福的追求来体现自我,体现自我也即自我实现。人的自我实现有各种方式,这当中,通过追求幸福来体现自我或自我实现,体现了人之为人的本质属性。即人虽然作为个体是独特的,其追求幸福有其自己的独特方式,但这种独特方式不意味着他与社会上其他成员的隔离或隔绝,相反,他希望通过他追求幸福的方式来向社会彰显他自身,并向社会显示其存在之价值(当然,这种价值不是在工具论意义上使用的,而是在目的论意义上使用的,也即他的存在的价值),一旦如此观察幸福,我们发现即便个体的幸福类型具有多样性,作为有自由选择的个体来说,他当然不会让他对幸福的追求服从于他的与生俱来的生理有限性所决定的幸福类型,而去选择他所希望达到的幸福类型,以便通过他的个体幸福类型来实现他的幸福,而且体现他的人生价值理想。从这种意义上说,幸福不仅仅是为了享受幸福,更是为了通过追求幸福来体现自我与彰显生命的价值与尊严。因此,我们说:"人是为了幸福而生的,人的最高目标应当是追求与实现幸福。"

讲到这里,我们终于明白中正作为幸福之构成在个体生命中的意义。以上我们谈中正的三个原则,都是从方法论上来谈的,着眼于追求与实现个体幸福的方法。其实,个体的人在追求幸福与实现幸福的过程与活动中,更多地不是遵循方法,而是遵循自由原则。也就是说,当一个人确立了幸福的目标之后,为了实现幸福,他才会去考虑采取某种方法。在这种意义上说,中正作为幸福的方法论原则有其独特意义与价值。然而,作为追求幸福的个体来说,假如他的性情中内含着这些中正的原素,那么,所谓中正于他来说,就已经不是方法,而是本体,是他个体的自然而然的存在方式。这样的人有福了!因为他生来就具有中正之性,这就意味着以上中正的三原则于他来说,是他自然而然的本体呈现。这样,在追求幸福的道路上,他自然而然就会达到本体与方法的统一,此也即康德所说的审美的"无目的的合目的性"以及"自然的合目的性"。这样的人有福了,他的生命类型无论是何样的,他都会作出适合他生命类型的幸福选择。而且这种幸福不仅适合于他,而且本来就属于他,只不过是他通过他作为个体的存在将其呈现与展示出来而已。

总结以上,可以看出中正之性作为个体的幸福构成原素,在个体的幸福追求与体验当中是何种的重要。但是,这种中正之性在现实中并不多见;现实中的人多半是"偏至之才",这种偏至之才不是从幸福类型上说的,而是从作为个体构成原素的性情来说。在现实生活中,中正之性极其难得,只有具有这种性情的人才能在现实中享受接近于"完美"的幸福。因此,刘邵在《人物论》中将"中正"称之为"中和",视之为性情之极品,说"凡人之质量,中和最贵矣"。①

然而,我们凡人呢?中正作为性情极其难得,但中正作为方法论原则又得于后天的经验,而且可以学习。从这种意义上,没有不能成为中正之性的个性。先天不是中正之性的个体,假如他冀盼获得近乎完美的幸福,那么,将中正作为追求幸福的方法论原则加以应用,同样可以向他向往的目标靠拢。只不过,作为手段之方法并非个体之天然品性,于他来说,他虽明知中正之于幸福之重要,但理论理性不等于实践理性,因此,在其实践中正之道(作为方法论之道)的过程中,其间肯定会有磨难与曲折。但假如他锲而不舍,持以之恒,那么,终有一日"水滴石穿",或许中正于他就不再会是外在的,而渐渐地,并且最终"转识成智",凝聚为本体。这也就是所谓的"功夫化为本体",即功夫即本体。总之,对常人来说,中正之性不是抽象地谈论或者机械地模仿就会获得的,它首先是功夫,然后才转化为本体。一旦功夫内化为本体,那么,常人也可以获享中正性情带来的幸福。我们前面说"人是有待于完成的艺术品","人是通过审美来完成自己的",其意思也在这里。

7. 自信

我们发现:在日常生活中,有的人似乎容易获得幸福,或者较容易形成一种幸福的体验,而有的人则很难体验到幸福,甚至似乎与幸福无缘。人们常常将这种现象归结为"运气"与"缘分"。其实,说某人

---

① 刘邵:《人物志》,北京:红旗出版社,1996年,第13页。

有获得幸福的运气或缘分,某人没有幸福的运气或缘分,都与某个体的主体因素,即自信有关。自信的人容易获得幸福,而缺乏自信的人则难以获得幸福。这里的自信,是对于获得幸福的自信,而非其他方面,比如说做成功一件事,或者相信某种意外事件一定会出现的自信。那么,这份对于幸福的自信心是如何得来的呢? 首先,有自信的人意识到幸福不是从外部世界可以索取得来的,也不是靠别人所恩赐而来的,而是由作为幸福之主体的个体自己决定的。既如此,则相信幸福的获得乃由自己做主,故相信幸福由自己做主者必自信。自信的另一重含义是作为行为主体,他意识到幸福以幸福的心境为前提,而幸福的心境由他自己,而非他人所决定。因此,自信的人必保有良好的心态与健全的心智,或者说,保有良好心态者必自信。这样看来,凡具备前述幸福之性情原素者皆对于幸福之获得会自信。

然而,对于幸福来说,真正的自信最主要的是对于人格的自信。所谓对人格的自信,不仅是对于自己人格的肯定,而且相信自己的人格能够获得幸福。如前面所说,美好的人格,如善良、爱心、道德,包括各种美好的性情,等等,这些皆是幸福光顾于他的先决条件。而对于自信的人来说,这些人格原素不仅是获得幸福的条件,而且于他来说,构成他作为人之为人的要素,他的生活离不开它们。或者说,他只有去体现这些人格,他才会从内心中感到由衷的快活,这些看来,美好人格对于他来说就是幸福。实践美好人格即是幸福。这种不是将美好人格作为达到幸福之条件或手段,而自然而然地向往与追求美好人格的行为,假如用孟子的话来说,可以说是"由仁义行"而非"行仁义",即他的行为与行动是由美好人格所发动,而非被动地去追求美好人格。而就在这种体现美好人格的行为与生命实践过程中,他才获得由衷的幸福。

这样看来,自信者必自得。所谓自得,是指在追求幸福的过程中,他既不随波逐流,亦不俯仰随人,更不会孜孜计较与患得患失。因为在他看来,这一切做派都与幸福的获取无缘,他唯一想做的,就是做自己爱做之事,行事顺己之性情。这种爱做自己之事,行事顺自之性情,对于他来说,就意味着幸福。或者说,已属于他所希望达到的幸福。故自信一定是对于上天赋予他的性情及其他各种品格的自信,他相信按照他自己的性情与人格方式,他一定会获得幸福。故自信实乃对于他自己人格力量之自信。

在生活中,自信的反面是不自信或自卑。这里不自信或自卑往往是由于他的人格不健全所导致的。对于不自信的人来说,幸福于他是外在的,是与人格相脱离的。自卑者或人格不健全者,其无论是做事情或者追求幸福,都爱用"机心"。尽管有机心的人在现实生活中,可能会获得某些实惠或实际利益。但由机心得来的这些实惠与利益,通常并没有转化为他的幸福。因为他在谋取幸福的过程中,老得用机心,而用机心必弄得个体心绪不宁。一个人老用机心,就老处于心绪不宁之状态,这样的人,也就失去了前面所说的平和、谦卑、闲适、中正之性情,他怎么能获得真正的幸福呢?机心属于小聪明,而非大智慧。真正的大智慧属于有健全人格的人,而真正有健全人格的人必自信。自信的人做事排除"机心"。在具体行为与处事过程中,他考量问题与处理事情的方式是"明智"。明智不是精明,后者是凡事总爱动用机心去加以计算与计较。而明智则是明大体,所谓"通情达理"之谓也。何谓"通世间情,达世间理"?其实,对于明理者来说,世间事情千万桩,但大都无所要事;人一生一世,要处理的事情何啻万千,但与幸福相联系或幸福所不可少者,其实并非那么多件。因此,所谓明理者是明白天下之大理,也即幸福之大理。对于人世间许多琐事、烦事,他采取无所谓态度,为了是保有他自己的一份童心与天真之心。正是在保有这份童真之心的情况下,他才可以做他自己爱做之事,行事顺其自己之情。可见,明达即包含一切事情放得下的心情与心境。假如一个人能将一切事情都能放下,则他无往而有忧虑,无往而非快乐。这就像前面所讲的一个人可以"无执"一样。而一个人要能做到无执,则基于其人格力量的自信。

三、幸福与创造

前面讲到人在追求幸福的过程中,性情的重要,这主要是从保持心境之良好,以防止受不良情绪的影响这方面来谈的。其实,作为个体的主体中还有另一种素质,对于个体之能否获得幸福来说也是相当重要的,这就是创造。人之能够体验或感受到幸福,从精神层面上考量,是因为它最终满足了人的创造天性。或者说,假如一个人的创造性或创造力得到了满足,则这个人会感受到幸福;反之,一个的创造天性受到了压抑,则他会感到沮丧,或者说会觉得不幸福。从这种意义上说,个体的创造性或创造力,反过来又成为个体感受或体验幸福的主体前提条件。我们观察到,在日常生活与人类社会生活的诸多方面,个体人之所以能够感受或体验到幸福,都与这些活动中体验或表现出来的创造力有关。这些人类行为与活动包括科学发现、旅游、体育运动、各种体力与智力的竞技、日常生活中的各种技能制作,等等。那么,体现于这诸种人类创造活动中的幸福因子究竟有哪些呢?它主要包括:好奇,深度探索,精神创造。

1. 好奇

幸福的对象物虽然很广,幸福感也有类型的不同,但在对幸福与幸福感作深入考察的时候,可以发现,幸福与幸福感同人的一种主体特性有关,即好奇。说起好奇,似乎是不少动物都有的事儿,如家里的宠物猫,当主人从外面买了什么东西回来,它都喜欢闻一闻,围绕着转一下,这说明它会被"新东西"所吸引;又比如,人在海洋中游泳,假如碰上海豚的话,它还会游过来与人嬉戏,据说海豚的好奇心还非同一般呢!虽然许多动物都有好奇心,但是,人的好奇心与其他动物不同:许多动物之所以对陌生物产生好奇心,是因为觉得它"新鲜",是未曾遇见过的东西,或者是虽遇见过,却不是经常出现的东西;假如一件东西或物品老摆在它面前,它开始感觉新鲜,过一会儿可能就不会再那么地有兴趣了。人类的好奇心不止是这样的,人虽然也喜欢新奇,对未曾遇见过的东西会有兴趣,但有一种好奇心就是人类才特有的,这就是对事物产生持续的兴趣。也就是说,新奇的东西固然容易引起人的好奇心,但同样的,一件熟悉的、生活中经常出现的东西与事物,也会唤起人的强烈好奇心。后者,可能才是人与其他动物的好奇心的区别所在。严格说来,对新鲜事物的兴趣是新奇,而对一切事物,包括新鲜的事物与熟悉的事物在内都有兴趣,才可以说是好奇。从这种意义上来说,人实在是有好奇心,或者说好奇心特别强的动物。

　　问题在于:人为什么会这样好奇?尤其是会对眼前"熟悉"的东西或事物也那么地好奇?其实,人之所以有好奇心,从根本上说,是人有一种"探索"的冲动。这种所谓探索,是指想要看出或者觉察出世界到底是怎么回事。而这一探索,就会发现新鲜的、过去未曾遇到过的事物固然是值得探索的,而眼前司空见惯的事物,其实也并非就是我们已经真正"熟悉"了,或者真正了解了的。这说明,人的好奇心主要沿于人的一种喜欢探索事物或世界是怎么回事的心理,而人的幸福感的重要来源之一,就在于人的这种对于事物与世界的强烈好奇心。

　　人对于世界与事物的出于好奇心的探索,不一定是非采取知性的活动形式的。说到底,好奇心也是人与世界结成的共在关系之一。不管人对眼前出现的东西或事物熟悉不熟悉,他首先会对它发生一种想要去"探索"的心理冲动,在这种冲动下,他然后才想到要去付诸探索的行动,但也可能不去采取探索的行动,而只在心理上探索一翻。假如人将探索的心理冲动转化为探索的行为的话,这种探索行为也是多彩多姿的,包括艺术审美的、科学认知的、技艺模仿的,等等。这样看来,人类之所以有如此众多的为其他动物所没有艺术审美活动、科学认知探究以及各种各样的技艺表演,并非或主要不是出于谋生或者仅仅为了解决物质性生活的需要,而是源自于人类特有的一种要探索世界的好奇心,而这种种人类的活动样式,包括艺术审美的、科学研究的,以及技艺杂耍的,皆只不过是这种人类特有的要探索世界的好奇心的表达方式。由于这些活动源自于人的本然的探索冲动,这种探索冲动得到满足,作为个体的人的心理能量才得以发泄或充分地发泄;作为探索活动的个体人,包括艺术家、科学家、技艺表演者,都在这种探索活动中获得极大心理满足,从而有一种幸福感;而作为欣赏与接纳这些探索活动的受者即社会大众,也在这种接纳过程中获得极大心理满足,从而分享或享用了幸福。

但人的好奇心未必非付诸于行动。也就是说,作为个体的人,好奇心是他的天然本性,当他将这种好奇心转化为行动或成功的行动时(转化为成功的实践需要有种种主客观条件),他便成为一个艺术家、科学家或者技艺家;而但他自己不付探索的行动,而仅仅是观赏或欣赏这些探索时,那么,他便成为艺术的观众,或者科普知识的受众,或者技艺表演的旁观者,这样的话,他通过对这些探索活动的鉴赏满足了他的各种趣味(包括艺术的、认知的或技能方面的,等等),那么,他在这样的鉴赏中一样可以获得心理满足,会产生一种幸福感。

人的好奇心之满足,未必付诸于行动,甚至也未必非通过鉴赏。一个真正具有好奇心的人,他其实充满了想象。就是说,他对于世界与事物的探索,完全可以采取一种不在具体物质层面上,而只在心理甚至精神层面上进行的方式。虽然是心理活动或者"想象",但这种心理活动与想象皆有其现实对象,就是说,个体的人虽然眼下不接触具体的人与事,但他的想象力异常之丰富,他可以驰骋天下,甚至将整个宇宙世界都囊括于他的心中,这样的话,他对于世界与事物的探索就完全是在他个人的心理时空中进行的。别小看了在这种心理时空中对世界探索时所产生的幸福。由于个体凭借心理时空可以突破外部世界的物质时空的限制,因此,这种想象力的探索几乎是"无所不能"

的;既然是无所不能,因此,源自于好奇心的这种探索也就空前地获得了满足,个体的探索世界的好奇心获得了满足,他也就会产生幸福感。

由此,我们看到个体的好奇心对于个体之能否获得幸福的重要性。好奇心强的人,他无往而不可以发现令他感到好奇的事情与事物,无处而不好奇,无时而不好奇,由于他好奇,从而,他也就无处而不幸福,无时而不幸福。

但这里,要将好奇心与人的另一种心理——纯粹的欲望心,区别开来。欲望心也人皆有之,欲望的满足可以使人有快乐,却未必可以有幸福。对于向往幸福的人来说,人除了希望生活中有快乐之外,还希图从生活中发现或找到真正的幸福。这时候,个体的好奇心之有无是重要的。对于只有欲望心而缺乏好奇心的人来说,他从外部世界中只想获得欲望的满足,而欲望的满足受外部世界与客观环境的种种限制,他的欲望未必都能实现,即使实现了,他马上又会有新的欲望产生(欲望的特性之一就是永远无法满足),因此,只有欲望心的人不会获得幸福,更无法永远获得快乐,也无法从生活中处处发现快乐。好奇心不同,它是无待于外部世界而属于个体的一种性情(关于"无待"的概念,我们已在前文中谈过,它是作为方法论来谈的;而此处无待属于主体的一种修养或性情)。故而,一个人只要有很强的好奇心,他就容易从外部世界中发现或找到幸福。

2. 深度探索

除了好奇心之外,人要想从外部世界中找到幸福,还有赖于主体的另一种素质:探索心。我们发现生活中充满好奇心的人并非没有,但不少人虽然有好奇心,仍然无法从好奇的事物中感受到幸福。新鲜与新奇的事物对于他们仅仅是新鲜或新奇而已,或者说,他们仅仅是因为出于好奇而好奇。这种人比起仅仅有欲望心而缺少好奇心的人来说,容易得到快乐,但这些快乐还不等于幸福。也就是说,既然好奇是新鲜与奇怪的别名,那么,当他熟悉了它们之外,他就不会再对这些事物或东西感兴趣,就会想再去寻求其他新鲜的事物。这种好奇心重的人容易发现生活中的乐趣,属于性格开朗的人,但是,假如说其性情中缺乏探索这一原素的话,那么,他很容易对他接触过或熟悉了的事物与东西失去兴趣,而想去再寻找其他可能令他感兴趣的事物。问题是:他能接触到的事物与事情终究有限,而且总会受到特殊时空的限制。因此,仅仅从好奇心出发,可能获得生活中的乐趣却终归是有限的。要使生活中这些有限的乐趣转化为幸福,需要有深度探索的精神。

深度探索包括两重含义。人天生有好奇心,会对新鲜事物发生兴趣,这是对抗单调与沉闷的日常生活的调味剂与解毒剂。然而,日常生活之所以是日常生活,说明它也就多半是平凡或没有太大变化或难以老出现使人惊喜的事物的生活。在这种情况下,假如仅仅满足于喜欢新奇的好奇心,生活则难免是单调的,甚至是难以忍受的。然而,假如个体具有深度探索精神的话,他会发现日常生活其实并不单调。因为所谓单调,是说生活中的变化太少,可遇见的新的事物或事情太少。但仔细思考一下,既然我们每天的生活都不同于前一天的生活,后一天的生活也不同于今天的生活,这说明我们的生活其实每天都有变化,也必然会有变化。只不过,我们平常由于种种原因,不会注意这些变化,或者对生活中的这些变化无动于衷而已。有深度探索的人不同。他关心的与其说是每天可能出现惊天动地的事物,或者是过去从来没有出现过的事物,不如说宁可更多地注意那些需要以前曾经出现过,但当时由于

种种原因被我们所忽视,或者虽被我们注意,但事实上我们并不了解的事物。这样的话,他发现其实,所谓日常生活是指我们每个人每天都要接触与打交道的生活,日常不是单调的代名词,而是指每天都生活于其中的世界。也就是说,日常生活其实是我们每个个体每天都会面对的生活与世界。其实,人的每一天接触或经历的事物实在有限(一天只有24小时,其中还要睡觉,做其他种种事情,真正用于我们去认识与熟悉生活与世界的时间实在太少),怎么能说我们长期生活在日常生活中,对日常生活就熟悉与了解,以至于认为日常生活已没有新鲜事物了呢?故日常生活并非单调,单调的是我们观察日常生活的眼睛。一旦我们培养起深度探索的精神,热心生活,我们会发现我们的每一天,都与过去的一天不相同,将来的每一天,也不会与现在的每一天相同。这也即是禅宗所谓的"日日是好日"。

深度探索不止是注意日常生活中过去被我们所忽视的事物或事情,更重要的是还要求我们去发现这些表面上平常的事物或事情的意味与意义。故深度探索一方面是一个不断拓宽日常生活之空间的广度的概念,更是一个不断挖掘生活之意义与意味的深度的概念。有谁能说一种事物或一件事情,由于我们每天与它打交道,我们就是熟悉或者了解了它的呢?打个比方来说,空气是我们每天都要接触到的,表面看来,它是过于简单,根本不值得我们去"关心"的了。假如这样的话,那么,空气的确就永远是空气,不会是其他。但对于有深度探索精神的人来说,假如他是一个科学家,他会发现空气在夏天是热浪,到冬天形成冷风,一年四季的空气,其给人感觉都不一样;另外,高原上的空气与平原上的空气其中氧的含量不一,都市与乡村中空气的清洁度也不一,如此等等,看来,即便简单如空气这样每天遇到的东西,也够有科学探索精神的人研究一辈子,甚至一辈子也"认识"不完。又比如天空,这是我们每天仰望都会看到的,但对于一个只注意新鲜或新奇的人来说,他认为天空就是天空,顶多像气象预报那样,不是晴天就是下雨,要么就是阴天什么的,是没有太多变化与新鲜感的。但在一个具有深度探索精神的艺术家眼里,这每天的天空,甚至每时每刻的天空,都是变化的,不仅变化,而且瑰丽无穷。看看艺术博物馆里那些著名绘画吧,有多少就是以这奇丽无穷的天空作为题材或者背景的。不说别的,光是天空中那些云彩,其形态、光色,一年四季变化无穷,每时每刻都发生变化,简直连肉眼都无法追踪。面对这大自然之鬼斧神工,具有深度探索精神的艺术家不禁要发出这样的浩叹:再给我一次来世吧,我要像今生一样,无时无刻面对宇宙的苍穹,是它赋予我无穷的灵感;我这一生想画尽天空之奇丽,时间实在是太少了!科学探索与艺术创作的例子如此,其他每个人的生活,也是如此。不管你从事何种职业,只要你爱干你的工作,只要你具有了深度探索的精神,你会发现你每一天做的事情都是不一样的,这不一样,既指其表面的形式,更包括其中的内容与含义。而他正是在这种对日常生活的不断深度探索中,发现了日常生活与日常世界的意义与意味,从而获得精神的享受与满足,也即实现了幸福。

3. 精神创造

我们发现在对外部世界的美的丰富性与世界的深度探索中,不同的个体彼此之间相差甚大。同样的事物,在有的人来看,并非是美的,而在另一些人看来,则不仅是美,而且这美是无法一下子就尽穷的。这就说明事物之美并不是客观地附丽于事物当中,而是有待于我们去发现的。然而,当我们用发现一词去描述美的出现时,这并不太准确。因为所谓发现,其前提仍然是说美是本来就属于外部事物的,只不过我们的眼光有限,一下子无法发现,只要我们的审美眼光足够尖利,事物的美无论如何深藏,总会被我们挖掘出来。但这种所谓发现说有一个误区,就是承认事物之美无论如何丰富,总是有限的,迟早总有一天会被人穷尽的。那么,如何解释文学艺术之美的创造呢?我们发现同一个题材,总会被不同的小说家从不同角度加以描写;同一道风景,在不同的艺术家画出来完全不同；甚至同一首乐曲，在不同的音乐表演家演奏出来，给人的美感完全不同。这说明美并非是客观地存在于某处，有待于人们去发现的。真正的美，其实是一种创造。则这种创造与其说是给现存的世界增添某种或某些它原来不具有的物质形式，毋宁说是赋予自然事物以精神。因此说，美其实是人的一种精神创造。

应当说，大自然或世界中的美都有其载体或者说要通过物质形式表现出来，但是，假如仅仅将美归结为这些自然事物及其物质形式的话，那么，或许人在审美能力方面就远远不如其他动物，并且无法与人类发明的各种科技产品相比。打个比方，在对声音的感觉方面，人类对音波的感知远远无法与大自然中的许多动物相比，对于乐曲演奏中各种旋律的细微区别，也远不及现在的一些高科技产品分辨之精细。然而，无论动物在听觉方面如何超过人类，无论科技产品对音乐旋律的音的区分如何细微，它们都无法上升为审美。审美与其说是对于事物或对象物的物质形式的感觉，不如说是对事物与世界的一种特有的精神感知能力，这种能力只属于人类。既然是精神能力而不是其他，那么，人类通过审美想获得或者想表现的，就并非仅仅是事物或世界的物的形式的内容，而是其"精神"。说事物或世界的精神，其实就是说人的精神，因为事物或世界本来并非精神的存在，是由于人有精神，才通过或借助审美的方式来赋予它的。故审美就是将事物与世界精神化，而所谓精神化也就是事物与世界的人化，将人的精神赋予事物与世界。

这里看来，所谓大自然以及世界万事万物，在审美者的眼里，都是以"人化自然"的形式存在的。故而，就一幅水墨画来说，在某些动物眼里或用某种科技产品来分析，这幅画无非是黑色的，而且黑色呈现各种深浅的不同。就这幅画的墨色深浅分布来说，哪里黑，黑的程度多少，人在这方面的观察无法与动物相比，更远逊于高科技产品的分析。但是，当人观赏这幅画的时候，他发现"墨分五色"。仅这点就够了！所谓"墨分五色"，是说只要掌握了用墨的方法，就可以将整个大自然无限丰富的色彩加以尽情地发挥与淋漓尽致地表达了。换言之，大自然之色彩无论如何丰富，却无逃于这"墨之五色"。也就是说，画家用这简单的"墨之五色"，尽可以表现大自然那无限丰富与奇丽的诸多色彩。这如何可能？这就有赖于艺术家的艺术创造与艺术鉴赏家的审美鉴赏了。大自然的种种奇丽以及整个宇宙本然之真相都可以通过这简单之极的"墨之五色"在小小的方寸之间完成与表达，而且鉴赏家能够领会与鉴赏，这就非人的精神创造力与精神领悟力所莫属，而无论是动物或高科技产品都远难望其项背的。

艺术美如此，生活中的美同样如此。假如说连方寸大小的一幅水墨画在艺术家眼中都可以呈现与表演大千世界的话，那么，对于有精神审美力与精神创造力的人来讲，日常生活之丰富与广大，就远非小小一幅画作那么样的空间所可比拟的了。假如将人的生活环境与生活空间比作一幅画的篇幅，假如将人的日常生活接触到的事物与事件比作那墨汁，那么，只要你掌握了那"墨之五色"，那大千世界之变化多端之美景，就无逃于你的法眼，你尽可以用你那支"五色笔"来涂抹你的五彩人生，而且你不仅创造出这色彩斑斓的人生，还能从审美的角度来予以欣赏与鉴赏的话，那么，你就是幸福的了。这里，幸福不在天边，就在你的眼前。

但同样是用"五色笔"作画，画作之美与不美，还是大有讲究的。对于没有掌握水墨画技巧的人来说，他固然画不出美的水墨画；而对于虽然掌握作画技巧，但心中并无美的人来说，他可以画画，但作出的画不仅没有美感，反倒使人产生厌恶感。这说明对于人来说，艺术之美之所以是美，不仅在于技法，更主要的在于精神。换言之，只有通过艺术之技巧与技法来表现本来是美的东西，其艺术作品才能是美的，也才能唤起人的审美愉悦。就这方面来说，大自然之所以显得美，也主要不在于其形式，而是由于人将美赋予了自然之形式，从而才显得是美的。故而,艺术美,包括自然美,其实是因为能表现精神之美,所以才是美的。就这方面说,无论自然美还是艺术品,其实是由人创造的,是为了表现人的精神之美的。

在大自然当中,有着形形色色的色彩与事物,假如仅就外形与体态来说,人是无法与其他许多动物以及其他自然之事物之美相比的。但是,唯有精神之美,才是人所具有而其他自然物所缺乏的。因此,人只有通过对人的精神之美的创造、欣赏与观照,才发现了人之美丽的独特性,甚至,他还将这种人之美赋予自然,通过将自然人化的方式,扩大了对人之精神美观赏的范围,从而,只要一个人具有精神创造的能力,则他会发现大自然与世界无处不美,这种美不仅来自于自然,而且呈现了人之精神之美。

四、幸福与信念

1. 幸福作为信念

至此,本书已分别从美的形而上学、人作为精神存在以及如何追求精神幸福等几个方面对幸福作了分析。看得出来,贯穿本书的一个基本思路,是对人的精神幸福的强调,并将幸福归结为精神幸福。于是,有人会很自然提出一个问题:此书的问题是着眼于对精神幸福的分析。但是,幸福为何必须归结为精神幸福这一问题呢?难道抛弃精神幸福这个问题,世间就没有幸福可言了吗?事实上,我们看到世间有多少人是根本不知道精神为何物,却一样可以感受到或者说体验到幸福的,而多少人即使明白了所谓的精神的意思,却仍然难以体会或感受到精神幸福。提出这个问题具有相当的严重性,它说明所谓精神幸福,对于相信精神幸福者来说才有其意义;对于不相信或者怀疑它的人来说,当然也就无所谓精神幸福了。看来,所谓精神幸福,可以归结为对于精神幸福的"信念"。

其实,不仅精神幸福如此,人间的种种其他对于幸福的理解与体会,都来自于某种信念。就是说,有不同的对于幸福的信念,自会有对于幸福的不同感受与体会。换言之,幸福不是对象物,我们无法从对象物提供给我们的感觉判断它是否幸福。幸福也不能和快乐的心理感受完全等同,幸福虽然会引起心理上的愉快之感,但是,这到底是幸福的感受还是其他快乐的感受?对这个问题的看法,也取决于我们对于幸福的理解与信念。看来,信念问题成为我们理解幸福的关键,并且也为我们感受与体验幸福提供了最终基础。

事实的确如此,假如我是一名经验论的感觉论者,我当然不会像精神论者那样去理解幸福。因为对于经验论者来说,世界存在与否,以及世界以何种方式存在,是以人的感觉经验作为依据与评判标准的。其对幸福的理解亦如此。因此,假如对象物能引起人的心理快乐情绪,那么,它就是可以使人幸福的东西或事物。而人通过外界刺激物能感受或体验到的快乐或愉快情绪,也就是幸福感。对于经验论者来说,这就够了。为什么还要在这种平易的,并且能被常人在经验中证明与证实的东西之外,再去侈谈什么精神幸福呢?即使有精神幸福的话,它其实也不过是人的某种心理现象或情绪性的东西,只不过被人冠之以"精神幸福"的美名,以故作高深罢了。

我承认,这种对"精神幸福"存在的质疑,其说法是有根据的,即要求精神幸福能够被客观事实或经验所证实。由于快乐能被一般人的感觉经验所证实,而精神幸福很难从一般的经验感觉中获得证实,或者,假如能从感觉经验中证实,它也就与普通的快乐的感觉无异,干么非得冠之以"精神幸福"的字眼?

我也承认,假如站在经验论哲学的立场上来看问题,这种对于幸福的理解是对的。问题是:为什么我们非得站到经验论的立场上,来替感觉论的幸福论作辩护呢?从道理上说,我们从经验论立场上赞成快乐论的幸福论,与从精神论的立场上肯定精神幸福,都有某种哲学立场贯穿其中,只不过一者是经验论的,一者是精神论的。既然我们能从经验论的立场上为快乐论的幸福论作辩护,那么,我们为什么不能从精神论的立场为精神论的幸福论作辩护呢?看来,经验论与精神论的幸福,都意味着某种哲学立场,就它们都预设着某种哲学立场来说,经验论与精神论是等价的。这也就说明:既然我们能够像经验论者那样采取经验论的立场来理解幸福,当然也可以像精神论者那样承认有精神幸福,并且为之辩护。持有何种幸福观,如何理解幸福,归根到底取决于我们的信念。从这种意义上说,幸福其实是一种信念。

2. 信念如何确证:经验论与精神论之争及其比较

幸福意味着某种信念。那么,它们就无从比较了吗?非也。当我们说幸福是一种信念的时候,只不过说明这么一种事实,即采取何种幸福观以及如何理解幸福,是由我们的信念决定的。但这只是一种事实描述,这其中并不包含对它们的价值评判。这也意味着在生活中,人们由于各自对于幸福的信念不同,可以有各种不同的幸福观,并且的确也可以有各种不同的幸福感受与体验,它们都是真的,也即是各个个体经验到的客观事实。但是,作为幸福来说,这不意味着它们就是等价的。虽然作为事实来说,它们都是幸福,但是,它们是何种幸福,并不相同;而且,着眼于价值观的评判,它们也并非相同。这里的不同,主要还不是说它们在感受或体验幸福时的心理感受或情绪反应方面有何不同,而是说,作为幸福来说,无论个体对它的心理感受与体验如何,它们在幸福的质上有所不同。这种质的不同,假如分别用经验论与精神论的幸福论来表示的话,它们就属于类型上的不同。这也就是说,经验论的幸福论是强调幸福的感觉经验层面的内容的。这不等于它否则人也可以而且必须有精神幸福,只不过它将精神幸福归结为经验幸福,或者可以化约为经验幸福。而精神的幸福论则强调精神幸福,并且将经验幸福归结为精神幸福,或者认为经验幸福由精神所决定。

既然这是两种不同的幸福,从哲学立场与逻辑立场上看,它们应当是等价的。作为信念与立场,我们无法判断自己到底该采取经验论的幸福论还是精神论的幸福论,那么,赞同或者提倡精神幸福,其道理何在?本书之所以赞同精神幸福之原因,在于精神信念的幸福可以包括物质信念的幸福,反过来,物质信念的幸福则难以将精神信念的幸福包括在内。

精神幸福之可以包容物质信念的幸福,而物质信念的幸福无法代替精神信念的幸福,首先是由人是作为精神性的存在这一基本属性所决定的。如前面所言,动物没有精神世界,唯人有精神世界,是有无精神世界将人与动物区别开来。从这种意义上说,有无精神性幸福也将人与动物区分开来。这并非是说人仅有精神性幸福而不需要物质性幸福,而是说人的精神性幸福可以包含其物质性幸福。举例来说,当今人类的种种物质性幸福与生物性需要,比如说饮食的需要,求偶的需要,乃至于居住、衣着等基本需要,其快乐的享受主要并非是生理性的欲求的满足,而已纳入了"社会文化"的内容,而这所谓社会文化,其实就体现人类的精神。更何况,个体在精神性幸福体验方面的差异,要远远大于其在物质性幸福体验方面的差异。这说明无论意识到与否,任何个体人对幸福的体验主要是一种精神性体验而非物质性或生理性的体验。

然而,精神性幸福可以包容物质信念的幸福,而物质信念的幸福无法代替精神性幸福,从根本上说,乃因为精神性幸福其实是一种信念。所谓说精神性幸福是一种信念,其实是指对于精神性幸福而言,幸福没有一成不变的对象物,而是由作为主体的个体的精神所建构起来的。主体的精神性存在不同,其所建构起来的"幸福对象物",以及其所体验与感受到的幸福并不相同。因此,从这种意义上说,世间没有适合于所有人的幸福对象物,也没有普遍于所有人的共同的幸福。个体所感受与体验到的幸福之不同,取决于不同个体的精神性存在维度之不同。也正因为如此,我们发现不仅不同的个体之间的幸福感受差异很大,而且个体对于幸福的体验其实可以划分为精神类型。假如说不同类型之间的个体的幸福体验彼此难以共享或沟通的话,那么,在同一种精神类型或者相似的精神类型之间的个体之间的幸福感,却能较好的产生共感或共鸣。比如说,假如彼此之间对于视觉艺术有着共同的审美享受与体验的话,那么,他们作为个体则可以较好地共同分享他们在欣赏绘画作品中带来的审美快感与幸福体验。而这种基于精神性体验而来的幸福感受,其快乐要远远大于仅仅是源自于生物性享受与感觉刺激所带来的快感。

3. 信念"创造"幸福

然而,幸福之所以是一种信念,其最根本的含义是指:幸福不来自于外部世界,而是来自于作为主体的个体的一种关于幸福的信念。所谓对幸福的信念,首先是指相信幸福存在于人世间,而不在世界之"彼岸";其次,幸福的信念是相信任何个体都可以实现他的幸福。关于幸福存在于人世间还是在彼岸,这与其说是一个形而上学的问题,不如说是一个信念的问题。因为任何不同的形而上学观其实都只能是一种经验所无法判定的信念。对于幸福之存在于人世间与否的问题来说也是如此。假如我不相信人世间会存在幸福,那么,我也就取消了在人世间追求幸福这一问题。因此,对于人世间幸福的追求,必须是以相信幸福之存在于人世间作为前提条件。然而,人世间果真存在幸福吗?假如人世间不存在幸福,则我作为个体对于人间幸福的追求,注定是一种徒劳之举。但人世间是否存在幸福,不来自于我对于幸福的追求能否实现,是我之追求幸福实现与否所无法证明的,因此,它只能是作为我追求人间幸福的行为之前提所必须确立的一种信念。即是说,假如我追求到人间幸福,我会相信人世间有幸福;假如我追求不到幸福,但我仍然相信人世间有幸福,只不过我没有能够追求到幸福而已。从这种意义上说,任何对于幸福的追求,其实都寓藏着对于幸福的信念。

然而,幸福作为信念的另一种更重要的含义,应当是相信并且承认任何个体都可以实现他的幸福。此即古人所说的"求仁得仁,求义得义"以及"福祸无门,唯人自招"之意。从这种意义上说,说幸福是一种信念,并非说关于幸福的信念是主观的,更不是说它是虚幻或虚假的,而是说幸福之降临与否有赖于我们的信念。在这种意义上,乌纳穆诺是对的。他说:"信仰如果不是一项创造力量,那么它就是意志的果实,而它的机能就在于创造。就某种意义而言,信仰创造了它自己的客体。信仰上帝就在于创造上帝;并且,既然上帝赋予我们信仰,那么,上帝就一直在我们心中创造它自己的形象。"[1]这里,套用乌纳穆诺的话,我们也可以说,既然我们信仰幸福,那么,幸福就会在我们心中创造出它自己的形象。

第三节 幸福的种类

幸福的分类是一个复杂的问题。首先,它不是外部世界客观存在的对象物,因此不能采取亚里士多德式的"种加属差"的方法加以分类;它也不是某些事物的共同属性,难以按照范畴分类的方法来加以确定。幸福分类的标准和方法取决于对幸福的看法与理解,既然我们将幸福视之于人与世界的关系,它属于个体性的精神体验,那么,我们就试着从幸福的定义出发,对幸福作如下分类。这不表明这种分类是将幸福区别于不同的种类(如通常所理解的彼此不相容的种类或彼此没有共同交集的子集合),而只是说明幸福以及幸福感是复杂的,可以从不同的角度加以考察。而从不同的角度对幸福加以研究,又是为了说明不同个体何以对幸福有不同的理解与体验。因此,这种分类方法其实是将抽象的幸福定义转化为具体的个体的幸福体验的研究,它们

---

[1] 乌纳穆诺:《生命的悲剧意识》,上海:上海文学杂志社,1986年,第101页。

与幸福的范导性原理与幸福的构成性原素的分析一样,有助于我们从人格主体的角度对幸福进行认识。还有,对幸福作分类可以有多种角度,下面的角度不是绝对的,更不是说幸福只可以从这些角度来划分;但是,这几种角度却是普遍存在于所有的幸福体验中的。换言之,只要是幸福体验,它们就无逃于以下的幸福种类。因此,这些分类法,又可以说是贯穿了幸福体验的普遍法则,而非着眼于幸福体验的特殊性与独特性的。也就是说,每一种分类法中的幸福,都属于现实存在的具有普遍性的幸福体验类型。

一、精神力类型

所谓精神力类型,是按个体的精神力的差异来将幸福体验加以分类。精神力是指个体具备的个体精神能力,它的范围很广,就与幸福的追求与实现来说,如下三种精神力——感官的感觉能力、理性的思考分析能力、心灵的感受与体验能力,都在其中起着重要作用,但不同的个体,这三种能力在其间所起的作用并不相同。换言之,不同个体的幸福感受与体验之差异的形成,常常取决于这三种不同的精神力的参与作用之大小。因此,从精神力的概念出发,幸福可以划分为感性类型、理性类型、心灵类型。

感性类型的个体,其与世界打交道的方式主要依赖于人的五种感觉器官,故对于这种类型的个体来说,世界呈现为一个感性的世界。因此,其幸福感的获得也主要通过接收与感应到这些外部刺激的感觉来完成。不仅如此,这种类型的个体对于幸福的体验与表达也多半会是感性的。就是说,对他感到幸福时,会以通过各种感觉器官的活动来加以传达。比如说,当他喜欢上一个东西,或者对某个人表示好感时,他通常会有眉飞色舞等外部表情。总之,这种类型的人对于外部世界的感官刺激十分敏感,并且也会通过感觉器官的反应来表达其对世界的真实感受。因此说,对于感性类型的人来说,他与世界的联系是通过感觉活动来完成的。其幸福感也源自于他与世界的这种感性联系。

生活中还有另一种类型的人,他们与世界的联系方式更多地是理性而非感性的。这不是说他们对外部世界的感觉刺激不敏感或者麻木,而是说他们通常会将这种由外部世界接收来的感觉刺激转变为一种理性思维。换言之,对于他们来说,世界是以理性的方式存在的,因此,他们喜欢与习惯于从理性方面来看待与思考周围的东西与事件,并通过这些理性活动获得对于生活的感受以及幸福。理性类型的人不仅其幸福体验来自于其对于世界的理性思考,而且他倾诉情感的方式不是像感性的人那样借助感觉器官的活动,而是借助于思维;因此,他喜欢运用理性的语言来表白他对于生活的感受与幸福。对理性类型的人来说,幸福感主要是对于世界的理性思考而获得的。

但我们发现:生活中有一种人,其对世界的幸福感受是既非通过感觉活动,也非通过理性思考来完成的,而是借助于一种对于世界的心理体验。所谓心理体验,是说这种人对于世界的经验是具有很强的主观色彩与情感色彩的。或者说,其与世界的关系是由内在的情感所决定的。这种个体类型,我们称之为心灵类型。心灵类型的个体对于外部世界的感觉刺激或者敏感或者不敏感,其理性思考能力或者发达或者不发达,但对于世界之幸福体验来说,这是无关的。就是说,他可以有也可以没有对于外部世界的感觉感受与理性思维能力,但外部世界之使其感到兴奋,并且使他能体验到幸福,并非由于这些外部世界的感觉刺激或他作出的理性判断,而是其对世界的主观心理体验。心灵类型的人不仅对于世界的体验具有主观色彩与情感色彩,而且富于想象性。这种想象能力使其对世界的感知与理解超出了单纯的感觉刺激与理性认识的范围,故心灵类型的人对于幸福的感受与反应不易被感性与理性类型的人所理解,而且心灵类型中不同个体的幸福体验也具有差异性。故注重心灵体验的个体,其对于世界的理解以及幸福体验会显示出更多的个体色彩。

二、观物类型

所谓观物类型,是指由观察世界的角度或视野所决定的类型。世界具有物质、精神与超验这三维结构,但由于个体精神气质以及存在境况的差别,不同个体往往会从这其中的某一个维度来认识与把握世界。由此,个体的幸福感与体验也与之对应而分为物质型、精神型与超验型。

对于物质型的个体来说,世界主要是以物质世界的方式呈现出来的,因此,他对于世界的物质性带来的幸福体验较为敏感。这使他比较注意外部世界的光、色、运动、速度,力,等等物理的,乃至于化学的、生物性方面的变化与刺激,并因能感受到这些世界的物质方面的变化与感觉而获得快乐。物质型的个体容易感受到外部世界的物质性存在方面带来的幸福,相反,较不容易感受与体验来自于精神世界与超验世界的幸福。或者说,即使外部世界传来精神性或者超验性的信息,他也会将其理解或转化为物质性的信号与刺激。通常,物质型的幸福感与日常生活中的快乐是十分接近的,它们两者就对外部世界的感受方面也有相同之处,但日常生活的快乐可以通过精神性的内容,如人们之间的快乐聊天而获得,而典型的物质型的人对于像聊天这样的话题也是缺乏兴趣的。但这不等于物质型的人没有精神生活,只不过对于他来说,其精神性也必须转化为物质性的东西才有意义或者能被感受。

顾名思义,对于精神型的个体来说,世界是以精神的方式存在与呈现的。这不是说精神型的人不知道世界可以是物质的,而是说他不关心世界的物质存在,而只对世界的精神性存在具有兴趣;因此,精神型的人常常能够发现通常一般人在日常生活中没有注意,或者不被人们关心的事物,因为他从这些表面上很普遍与平常的事物中,会看出

第三章 | 幸福的艺术

常人所不易理解的方面。或者说，精神型的人通常不注意事物存在之现象，而关心事物存在之本质。这使精神型的人具有一种善于发现事物之"隐微"方面的特质，并养成一种思辨的兴趣。故而，精神型的人喜欢沉思，但这种沉思与前面所说的理性型的人喜欢去寻找事物之规律的思考不同，他关心的是事物存在之根据。故而，精神型的人的思想是属于形而上导向的，假如他喜欢与人交谈的话，常常"三句不离本
行"，会将谈话内容转移到精神性方面的内容上来。故精神性的人偏爱"谈玄说理"，而此"谈玄说理"并非普遍人日常谈话的内容。故典型的精神型的人由于知音难觅会显得"寡言"，但这只是表象。一旦遇到知音，他的谈兴会显得超乎常人的浓烈，因为他的幸福不仅来自于他对世界的精神性沉思，而且这种精神性的幸福体验也希望通过人与人之间的精神性交往加以实现。

我们发现在现实生活中，还有一种称之为超验型的个体。这种个体对于世界的体验是超的。所谓超验体验，不是说这种类型的人不知道世界的物质性存在与精神性存在，而是说他的幸福体验通常不来自于世界的物质性与精神性，毋宁说是由超验世界提供的。在各式宗教的信徒中，我们容易发现这种类型的人。因为真正皈依某种宗教，是由于发现了这种宗教的"灵遇"或相信它的"奇迹"，而这种灵遇或对宗教奇迹的信，通常又是由于他具有感受或体验超验世界的能力。当然，对超验世界的体验也不是非得通过皈依宗教不可，毋宁说，对于超验型的人来说，信仰某种宗教只是"果"而不是"因"。一些没有信仰宗教的人也会有感受超验世界的能力。经由感受超验世界而获致的快感与幸福具有神秘性，不仅难以传达，而且对于不相信或者没有经历过这种体验的人来说，它显得不可思议。要注意的是，虽然感受超验世界的能力只为超验类型的个体所具有，但他们对于世界的超验感受与体验也不会随时随地而遇。因此，即使对于超验类型的个体来说，这种体验也是与体验者的主体心理，以及体验环境与存在境遇有关。但是，一旦发生，这种心理体验就具有异乎寻常的烈度，会给个体带来极强的心灵震撼。

三、心智力类型

心智力不同于精神力。精神力属于个体的人格因素，同人的性情有关，它包括感性、理性、心灵；而心智力则同人的感受世界时的主体心智力有关，它指的是人的道德能力、智性能力与生理能力。因此，根据个体心智力不同，幸福感可以划分为道德型、智性型与生理型。

人的幸福感来源于他的幸福审美经验，而幸福审美与一般美学上的狭义审美不同的一个重要方面是：幸福审美是个体的多方面主体素质，包括人格要素的全部调动与参与，而非仅仅是静观的、完全无利害关系的审美活动。尽管如此，在人的各种主体能力综合参与的幸福审美过程中，个体的人格要素与主体能力的参与程度与水平并不一致，其中有某一种会更为突出，甚至取代了其他。即以心智力来说，我们发现个体的幸福审美机制之实现，人的道德能力、智性能力与生理能力都在其中发挥作用。假如这其中某一种较为突出，或幸福体验主要由其中某一种完成的话，那么，我们可以将其分别称之为道德型、智性型或生理型的。

道德型的人是道德感非常强烈的人，对于他来说，人与世界的联系是由道德维系的，他不仅用道德的眼光来看待与考量周围的一切事物，而且其幸福感也与道德感密切相联。比如说，他喜欢某样东西或某件事情,是因为它能体现或符合他心目中的道德理念;而他讨厌某种东西或事物,也因为它与他心目中的道德理想相悖。表现在审美中,那些反映与表现美好道德情操的艺术作品与艺术表演能给他带来莫大的精神享受,而对那些与道德观念相隔较远的艺术题材与内容则缺乏兴趣。当我们这样说的时候,纯粹是就他对事物的审美评价以及审美趣味而言,而与他个人的道德无涉。就是说,虽然他对周围事物的感受与道德观念密切相联,但他个人的行为未必就一定是道德的,它可能道德,也可能是不道德的。这就好比非道德型的人的审美幸福感之形成虽然不来自其道德观念,但他的个人道德行为却与他的道德审美无涉一样。由于道德因素渗入了审美体验,因此,道德型的人的幸福体验往往深刻而且带有强烈的情感色彩。但由于现实世界中的事情通常并非都那么地会符合道德型的人的道德标准与道德口味,所以,典型的道德型的人难以在现实中发现或获得真正能令他倾倒于其中的极度心灵幸福。于是,他的幸福只能在某些特殊场合下才会实现,或者只能在文学艺术中寻找其替代形式。

人的幸福感也可以来源于对周围世界的一种智力思考与探索,假如这样的话,那么,这种幸福属于智性型的幸福。智性型的幸福通常与人的好奇心联系在一起。但人的好奇心有多方面的内容,其表现形式也不一。比如说,有的人对周围事物的变化感兴趣,这种人的好奇心可以说是一种对于新鲜事物的好奇。还有人的好奇心表现为对于怪异的东西的兴趣,就是说,其感兴趣的东西或事物不仅是少见的,而且具有不同于通常事物的怪异特点,从而吸引了他的兴趣。还有的人的好奇与个人的癖好有关,即是对与其癖性有关的事物表现出非同于寻常的好奇心。智性的好奇属于诸多好奇心的一种,但与前面这些好奇心的最大不同是:它的好奇是属于智性方面的。这种智性的好奇与其说是由客观对象物的某些特质之不同于平常事物所引起,不如说是起源于个体对外部世界的一种独特智力欣赏与兴趣。职是之故,可能一些在常人看来不值得大惊小怪的事物,或者在日常生活中司空见惯的事情,在有智性好奇心的人来说,可能是有趣味的;反之,一些他人感到新鲜或新奇的东西,则未必会引起他的注意与兴趣。故而,心智的好奇与个体的智力发达有关。由于智力发达,故他对于周围事物有一种运用智力去思考的兴趣与习惯。而这种心智的思考本身会给他带来心灵的愉悦,使他感到幸福。

这里,要将智性型的人的思考方式与前面提到的理性型的人的思考方式区别开来。理性型的人认为世上的一切都符合理性,或者说是以理性的方式存在着的,而且,他习惯于这个理性的世界,其行为方式以符合这种世界的理性为准则,并以与理性世界相协调而感到幸福。而智性型的人对世界的兴趣并非因为它是理性的,而是因为它可以作为思考的对象而发生的。故智性型的思考并不关心世界是否具有理性,而纯粹是由智性的好奇心所驱动的。尽管如此,智性型仍可分为两种:一种是对于外部世界的现象何以如此的好奇心,这种好奇心会引导他去探索或者发现经验世界的一些规律,这种智性好奇心属于科学发现型。科学发现型的心智个体会在对外部世界进行经验探索与研究中获得或体会到一种因智性好奇心获得满足的极大快感,即幸福。像达尔文以及不少自然科学家,都属于这种科学发现型,其幸福感来自于对外部世界的科学发现。此外,我们发现还有一种人的智性好奇心不同于像科学家那样的寻找事物之规律,而是对世界为何这般存在,以及存在到底是什么,诸如此类问题的好奇;或者是对平常人所不经意的问题,发现其中的问题;甚至是对日常生活中许多人们习以为常的生活习惯、包括言说、观念等等的好奇。总之,与其说是好奇,不如说是感到奇怪,即为什么会如此,本来不该如此,而是应"另当别论"的,等等。这种所谓的好奇心,是较之前面那种好奇心更超出具体事物本身的好奇心,是对事物存在之方式,以及包括思想、观念等等方面的好奇心。显然,某些个体出于对这些事物或思想的好奇,并且去进行思索而会获得极大的心灵满足与精神享受,由于其心灵满足来自于对世界或思想作观念性的思考,其幸福感不容易被一般人所理解与体会,但其对幸福感的体验之深刻与强度,却丝毫不亚于任何其他幸福类型。应当说,这种智性型的个体在现实生活中并不多见,而且其经由此类智力探索所获的幸福,不仅常人难以理解,在日常生活中也并不多见,但不可否认的是,这却是人类个体精神生活中极其珍贵且难遇的幸福。可以说,当真正的哲学家对宇宙本体以及世界作存在性思考时,就属于这种心智类型。

生理型幸福之个体,通常会在生理方面出现一些不同于常人的特点,或者说其生理的某些性状会因突化而与常人区分开来。因此,他经由其生理器官所接收到的外界刺激所产生的快感,也超出于常人;并且,他还能将这种生物器官所感受的快感转化为一种心理体验,从而获得心灵的幸福。故生理型的幸福由个体的生理器官接收外部世界的刺激所引起,但其幸福并不仅仅停留于生理器官的感觉与反应,而有心理机能与精神因素的参与,从而才产生幸福感。否则,它就不是个体的幸福,而顶多是个体心理感受到的快乐,甚至是纯粹生理或生物性状的反应。故生理型的幸福虽建立在个体的生理或生物机能的反应上,但由于有个体心理以及精神因素的参与,从而形成幸福感。故生理型的幸福属于人的幸福,而其他动物则无此幸福,而只有纯粹生物性或生理本能上的满足。作为人的生理型的幸福之存在,一方面反映了人与自然界的密切联系:人是从动物与其他生物体进化过来的,故还保存着对于外部刺激的敏感性与敏锐性,并且能够通过这些外部刺激来获得快感与满足。另一方面,生理型的幸福又说明了人与其他动物的根本区别所在,即其他动物与生物体对外部刺激的感受只停留在其感觉器官,其满足感也只属于其生物性的躯体。而人的这种生理型的幸福感的获得是需要有心理、精神的参与才能实现的,故其幸福感的体验也远远超出单纯生理或生物反应的水平,而是遍布全身

（肉身、心理与心灵）的。而且，人的这种生理性的幸福体验，其活动的复杂程度远远超出其他动物对外界的生物性本能反应。像各种体育竞技活动，其优胜者获得的幸福体验虽然源自于满足生理型的个体的幸福需要，但这种活动早已超出了纯粹动物本能式的身体活动，而容纳了极其丰富的人文因素以及精神方面的内容。假如缺少了这些内容，而是其纯粹生理性本能满足的话，则还算不上是真正意义的生理型的幸福。这也即马克思所说的"自然的人化"之意，即任何生理型的幸福体验虽然来自于个体的生理性官能刺激的满足，但这种幸福的实现却有待于其"人化"或人文化。

四、心境类型

幸福还可以从"心境"的角度来分类。所谓心境，是指个体在体验幸福时所表现出来的心理状态。幸福的心境形成与个体的心理机能活动有关。我们以前在谈幸福感的类型时，曾提到过内倾型与外倾型，以及内倾与外倾各自又分为四种，这种分类着眼于幸福实现的心理机制与机能的分析。而此处对幸福的分类，是从心理机能参与之后，幸福体验的心理状态本身来谈的。故本书第二章从心理机能出发对幸福人格的分类与这里围绕心境对幸福所作分类的区别在于：一者重心理体验的参与过程，一者重心理体验状态本身；一者着眼于心灵能的分布状态与流向的分析，一者着眼于心理体验的静态描述。从心境出发对幸福体验加以考察，我们可以将幸福划分为激情型、静穆型与忧伤型。

顾名思义，激情型对幸福的体验应当是充满"激情"的。这里所谓激情，是指情绪的高涨。假如一个人体验幸福时伴随有情绪上的外露表现，比如说，他因情绪激动而欢欣鼓舞，或者手舞足蹈，甚至高声欢叫，我们很容易判断这个人是处于幸福的激情状态。但体验幸福的情绪高潮也不一定非采取外露的形式。如果一个人感受到幸福时，他的内心世界波涛起伏,但从外观上难以看出,甚至于表情"冷漠",那么,不能说这个人的幸福体验不属于激情型。故激情与否是一种内在的心理状态,而与这种激情的表达形式无关。这就好像海洋被风暴掀起巨涛大浪,固然是充满激情,但不排除会有另一种情况出现:在平静的海面下充满暗礁而在海底深处形成急流与旋涡,这也是激情之表现,这就是人们常说的"水静流深"。总之,只要幸福的体验引起个体心理情绪的激烈起伏与动荡,那么,这种幸福就属于激情型的幸福。激情型的幸福作为个体体验幸福的类型,它与个体的心理机能水平,以及个体的性格有关,而与外部世界的存在方式无关,就是说,不能说外部世界中有哪种或哪些事物是让个体的幸福体验非得以激情的方式加以表达,而只能说某些个体对于世界容易产生激情式的幸福。因此,我们说,作为幸福之一种,激情型幸福其实也是个体与世界的共在关系。就是说,对于激情型性格与精神气质的人来说,世界是以激情的方式存在的,而他感受与体验世界的方式,也就是这么一种充满激情的世界。

但我们发现个体对世界的幸福体验也可以采取静穆的方式。静穆的方式与激情的方式相反对。假如说激情型的个体对于世界的幸福感受表现为情绪的高涨与心灵的激动的话,那么,静穆型的个体对幸福的体验,其内在心境却显得平和与安静。此何以故?我们在前面曾谈到:当幸福来临时,人会有一种神秘的高峰体验,即他发现自己处于与世界"合一"的状态,并由于忘却我,忘却世界而有一种心灵上的极度满足与快感。但个体的这种高峰体验有两种形式:一种是参与式的,即个体作为主体去拥抱客体并与之合一,这种与万物的合一由于心灵能的流动作用,往往会出现情绪的高涨,此即表现为激情型的幸福。但高峰体验的幸福也可以是静观式的。静观式的幸福也体验到个体与外部世界的"天人合一",但这时候,个体与外部世界的合一不伴随着心灵能的流入与流出,而是一种心灵能的归稳或归寂。由于心灵能的归稳或归寂,也就无所谓作为个体的主体与作为外部世界的万物,故我与万物皆同一。虽然万物合一,但由于是心灵能归稳或归寂后的合一,故没有心灵能对内部世界产生的冲击与动荡,从而情绪是平静与安宁的。虽然情绪平静与安宁,但这种内在的心理感受与体验依然是一种幸福感,因为正是在这种静观状态中,个体由于"天人合一"而体验到心灵上的幸福。这样看来,激情型的幸福与静穆型的幸福体验都以天人合一的心理状态作为前提条件,但这是两种不同的天人合一状态。假如套用王国维的说法的话,这两种幸福可以分别称之为"有我之境"的幸福(激情型幸福)与"无我之境"的幸福(静穆型幸福)。看得出,无论激情型或静穆型的幸福,其幸福感都来自于个体的审美经验,只不过一者诉诸于心灵能的流动,伴随着的是心理情绪的激情澎湃;一者是心灵能的归寂,随之而来的是心理的平静与安宁。

除了激情与静穆之外,个体还有一种心理状态叫"忧伤",伴随它而来的幸福称之为"忧伤型的幸福"。忧伤不是悲伤。人们日常生活中都会遇到悲伤的事情,悲伤是一种引起个体心理暗淡的消极情绪,它与痛苦属于同一心理体验系列,而忧伤不是痛苦,它本质上属于个体的幸福体验。忧伤也不是忧郁,忧郁属于个体的一种气质,它表明个体对世界的心理或情绪性反应会出现不适应;作为个体气质来说,它容易导致个体与外部世界之冲突,因此于个体的幸福体验具有某种"杀伤性"。而忧伤属于个体的幸福体验之一种,它与其说是由个体的某种性格或气质因素所决定,不如说是根植于个体对世界的独特精神感受与生命体验。忧伤并不回避世界之矛盾与冲突,但它能将世界之矛盾以及现实之冲突向和谐之美的方向转化。或者说,当个体面临现实与理想之冲突的情况下,他仍然能够对幸福以一种独特方式加以体验。这种独特的幸福体验方式,我们称之为"忧伤"。

那么,忧伤这种幸福体验,其独特性在哪里呢?人又何以会有忧伤?前面说过,幸福感是伴随着个体感受与体会到人与外部世界的合一才出现的,个体对这种"天人合一"的审美体验使人体验到幸福,这包括上面所说的激情型幸福与静穆型幸福。但我们发现"天人合一"状态固然使人体验到幸福,但它并非是个体生命的常态。就个体生命而言,我们每个人的日常生活并非总处于"天人合一"状态之中,这说明我们作为常人,无法随时随地都能体会到这种"天人合一"的幸福。但人对于幸福的追求却是普遍与恒常的。就是说,即使个体不处于"天人合一"之状态,他却仍然会去祈求与追求幸福。这时候,"天人合一"状态虽不是当下的主体心理状态,但他对于这种天人合一状态,却可以去想象,更可以对其曾经拥有过或经历过的天人合一状态加以回想。这时候,当他对天人合一的幸福加以追忆或想象的时候,内心依然会体验到幸福。这种由想象或追忆"天人合一"之境所形成的幸福心理体验与感受,就是忧伤。由于植根于想象或回忆,故与激情和静穆总与某种当下情境引发的心理体验状态相比,忧伤作为审美体验是更具空灵性的。

这样看来,忧伤是复杂的:首先,个体要能想象或者曾体验过幸福,其次,这些想象或曾经有过的幸福目前不出现在眼前。但仅有这两样还不够,忧伤之是否出现,并且是否能成为幸福的体验,主要还取决于个体对这些想象或曾经过的幸福的回味。就是说,虽然有过昔日的幸福时光,但个体可能再回忆这些往日的幸福时,内心并不会感到幸福,这说明这种往日的幸福作为往日的幸福虽然是真实的,但这种幸福已成为过去,个体目前已无法将其作为幸福的回忆再加以回味。还有的是:个体对于某种幸福有着美好的想象或憧憬,但当他脑海中出现这种想象的美好时,他由于眼前没有得到想象中的幸福而感到内心的失落甚至痛苦,那么,这种内心的失落与痛苦也不能称之为忧伤。作为幸福之一种的忧伤,主要还不是他对于想象中或者过去了的幸福时光的想象或者回忆,而是在这种想象或回忆中,会发现一种教人值得回味的东西。正是对这种值得回味的东西的发现与体会,才给人带来一种幸福的感受与体验。故忧伤其实是一种将想象中或者过去的幸福重新转化为幸福体验的能力或者说主体心理状态。当一个人处于忧伤状态时,眼前的东西能否给他带来快乐或幸福,这对他来说是无关的。因此他的幸福体验只与想象或逝去的东西有关;而且当他想象或回忆起这些幸福事件的时候,因能对幸福加以回味而感受到幸福。

人能将想象中的或者昔日之幸福转化为当下的东西来加以美好地回味,这是个体的一种独特禀赋,也是人能够在不快活的时候也能获得幸福感的秘密。但这种作为忧伤的幸福体验是异常复杂的:它既包括对昔日美好幸福的回味或想象中的幸福之体味,亦有对往日幸福已逝或想象中的幸福之缥缈的感叹与慨喟。唯其回味或体味之美好,故还能感受或重温过去的或想象中的幸福,唯其知道往日幸福已一去不返或想象中的幸福终究是虚幻,故有伤感。所以,作为忧伤的幸福,其幸福感的体验是不那么单一的。这种不单一之所以出现,其实触及了忧伤的最深层秘密,即个体与万物合一之愿望跟目前个体与万物无法合一之冲突。当个体在处于天人合一状态下是没有忧伤的,只有个体处于天人合一状态已失去之情况下,他才会体验忧伤。故忧伤作为幸福之一种,其存在论的根据就在于天人合一之幸福理想与天人无法合一之现实境况之间的难以调和。而忧伤正是对这种个体生存状况的存在性感悟,只不过这种存在感悟不是以理性思考的方式出之,而通过审美的方式捕获之,故在个体的生命体验中出现了忧伤。

假如忧伤不仅仅是作为某一个别性的心理事件,而是作为幸福类型在某一个体的生活中反复出现或屡屡呈现,那么,这个体就成为一种忧伤的人格。忧伤的个体不仅对往日的幸福会有忧伤的体验,而且总会以忧伤的眼光来看待周围世界。在他眼里,无论幸福是否过去或者曾经出现,眼前的世界就是以忧伤的方式呈现的。对于这种个体来说,由于忧伤不仅仅来自于对于以往曾经过的幸福的回忆,而且包括他对于周围一切以及世界的想象,因此,哪怕对于眼前的其他幸福,包括激情的幸福与静穆的幸福,也都一概地化作忧伤。或者说,对于忧伤的个体来说,诸种幸福以及世间的一切,无不是忧伤的化身与变形。

应当说,忧伤的生命体验是一种美,正如生命的激情与静穆体验也属于生命之美一样。由于忧伤能将想象中或者曾经历的幸福转化为可回味的幸福,因之,对于具有忧伤精神气质的个体来说,这种精神性的幸福似乎是随时随地都可以实现的。又由于现实中的幸福往往只出现于想象中或者随时都可以消逝,因之,我们每个生命个体要想永远享有幸福,或者要得到永远可以享有的幸福,恐怕只能是忧伤的幸福。

第四节 幸福的体验

现在,我们该对幸福的体验问题作专门讨论了。可以说,这才是关于幸福的最核心问题。前面我们曾说过:幸福属于人与世界的共在关系,而且是人的个体精神性事件。但无论是说人与世界的共在关系也好,说是个体的精神性事件也好,幸福最后都必得化为人的幸福体验。之所以如此说,是因为幸福既可以从本体论的意义上来谈,也可以从现象学的层面上谈。从本体论的意义上说,幸福是人与世界的共在关系,而从现象学的角度来分析,是因为这种人与世界之共在关系必体现为个别的、特殊地存在的个体人的精神体验。这就好比海德格尔谈存在要通过存在者来呈现,存在者呈现存在的道理一样,幸福其实是通过个体的幸福体验来呈现自身的。因此,谈幸福体验,也就是谈论幸福本身。

但是,幸福体验的研究自有其复杂性。这里,先要说明的是:如同个体的任何其他心理现象一样,幸福作为心理体验,具有整体性、含混性与流动性,本是很难将其"概念化"处理,或者将其作分解性的研究的。下面,我们对幸福体验的研究采用了一些概念化的语言与分解性的说明,乃基于对幸福体验从"理性"或"理解"的角度加以认识。就是说,当我们说"幸福体验"这个概念时,要了解它究竟是什么意思,包含何种内容。这种对幸福体验的概念化研究既不是幸福体验本身,也并非是幸福体验的完全真实图景。但这种概念性方法之所以仍然有其必要,是因为幸福体验有时候需要借助思维的方式来加以传达,而一旦思维则脱离不了概念。为简明起见,下面对于幸福体验的概念研究,普遍采取的是两极分析的方法,即将幸福的体验理解为两种对立的心理活动内容。而实际的幸福体验过程并非这样非此即彼地进行,毋宁说经常是这两种不同心理活动内容的彼此渗透、相互补充。因此,对幸福体验采取这样分门别类的研究以及划分为两极对立的样式,虽然有助于从理论上对幸福体验加以把握,从另一方面说,却要防止这种理解走向绝对化或孤立化之虞。

一、先验幸福与后验幸福

在谈幸福体验的时候,我们首先注意到有两种不同的幸福体验类型,即一种是先验的幸福,另一种是后验的幸福。这里所谓先验、后验的用法,不同于康德哲学中所采用的意思,对于康德,先验是指人类认识事物的主体先决条件,这种条件是个体先天就有,不是从经验中而来,反倒是经验认识可能的条件。换言之,假如没有这些先验的条件,则个体即使与感性材料打交道,也无法将这些感觉印象上升为经验知识。而康德所说

的后验,则是指个体在与外界事物接触后形成的知识与经验,它们依赖于人的感觉以及外部世界。这里的先验、后验也不同于金岳霖在《知识论》中所谈的先验、后验。金岳霖认为知识有两种:先验知识与后验知识。前者整理经验与规范经验,后者得自所与和得自经验。本文这里所说的先验、后验并非是认识论意义上使用的,也并非完全是心理学的概念,而是在本体论意义上使用的,指的是幸福体验的两种类型,这两种类型不是说在幸福的体验方式上有类型的不同,而是说在对幸福的体验中,幸福分属于这两种类型。

所谓先验的幸福,是指幸福的内容是由个体的先天性的生理或生物性本能所决定的幸福。比如说,个体生来有饮食、交配、觅食、睡眠等等这样的生物性本能的要求,并且需要得到满足。当这些基本需要得到满足以后,个体就感觉到快乐和惬意。但要注意的是:这种生物本能的满足所引起的快乐与惬意,还不是本书所说的先验幸福。所谓先验幸福,是对这些生物性本能满足的一种审美性心理反应。换言之,生物性本能的满足只是先验幸福的必要条件,决不是充分条件。要使生物性本能上升或转化为幸福,还需要个体对这些生物性本能的审美力。也就是说,当个体以审美的方式来对这些生物性本能的满足进行审美的再体验与感觉时,个体的生物性满足才成为先验的幸福体验。这里所谓审美的再体验的"再",不是时间上的后,而是从逻辑上讲的后。就是说,只有当生理性本能的满足同时伴随着个体的审美活动的参与时,它才成为先验幸福。在这种意义上说,动物与人一样会有生物性本能获得满足的快乐感觉,但由于没有审美体验的介入,故没有先验幸福。先验幸福是人才有的。

个体对他自己的生物性本能的满足会采取一种审美的观照,这说明人作为个体对于自身(包括对其生物性本能的满足)具有审美的观照力。由于这种审美观照力或审美力是由个体先天的生物性因素所决定,而无待于后天的学习,这里,我们将这种由个体的生物性因素所决定的审美力称为先验审美力,而由这种先验审美力而来的幸福体验称为先验幸福。显然,不同的个体之间,先验审美力彼此之间差异极大,由之,不同个体之间体验到的先验幸福也彼此之间相隔悬殊。打个比方,在品尝美味佳肴时,有人生来其味蕾细胞极其发达,有人则味觉器官不那么地敏锐;结果,当品尝同一道佳肴时,前一种人能通过对这道菜的品尝获得极大味觉享受,而假如他同时又是一个具有先验审美力的人的话,那么,他对这道菜的品尝就不仅仅是美味,而且能够通过其美味而体验到审美的幸福。这就好比一个人在鉴赏水墨画时,假如他的视觉器官与视觉神经异常发达,那么,他对画之墨色深浅浓淡之细微区别,是一眼就能感知的,而由于他同时还具有先验的审美意识,他能超越对墨之浓浅的纯粹感觉认知(即不停留于对这墨色浓浅的纯粹感觉印象),这种区别墨之浓淡的活动本身,就会给他的心灵带来快乐。由于这种对墨的审美鉴赏一方面有赖于对墨之浓淡的感知,另一方面,这种对墨之浓淡的细微区别有着极其敏锐的感知于他来说是一种天生的本领,无待于后天学习,当他从这种区别墨之浓淡中获得的乐趣或幸福,可以称之为先验的幸福。这里,先验幸福不是指其幸福感不需要感觉经验,而是说他的这种审美力是由他的先天的生理条件所决定,而毋待于后天经验。

但我们看到,人除了有这种先验的审美力之外,还有一种后天形成的审美判断力。这种后天形成的审美判断力,是个体通过后天学习或者训练而形成的。打个比方,所谓"墨分五色",对于仅仅有先验审美力的人来说是难以觉察到的,因为仅仅有先验审美力的人对墨色之浓淡深浅可以有"明察秋毫"的感官敏锐力,对于墨色深浅浓淡的变化十分敏感,然而,他却不能觉察与体会这黑墨之中的"五色"。对于一幅水墨画来说,所谓"五色"不止是墨色深浅的概念,首先是用墨的不同浓淡深浅来表达大自然与世界之各种美的概念,因此,墨之"五色"不是仅仅着眼于颜色深浅的,而是一个文化学与艺术修养的概念。就是说,假如一个人想要用墨作画来表达自然与世界之美的话,那么,他对于如何用墨,如何根据不同的美来选择不同深浅的黑色,包括用墨的技法,都得有很好的了解并精通运用,然后,他在作画过程中,才能很好地运用墨之五色来表现美。对水墨画的鉴赏也是这个道理:一个人要能从一幅优美的水墨画中看出墨之五色来,这与其说是凭借他的对颜色深浅变化的明察秋毫的发达视觉神经,毋宁说靠的是他对于水墨画的作画技法的感觉与修养。这种凭借艺术技法与艺术修养而获得的能够看出墨有五色的审美力,来自于后天的学习与经验,而运用这种后天经验去从事艺术创作或者进行审美鉴赏的能力,属于后验的审美力。假如一个人通用后验的审美力在艺术创作或审美鉴赏中获得了审美的愉悦与享受,那么,我们说这个人在审美中获得的幸福感,属于后验幸福。

因此,我们可以将后验幸福理解为这样一种幸福:不是由个体先天的生物性因素所决定,而是由他后天习得而形成的审美力而获至的幸福。这不是说后验幸福的形成无须个体的生物性因素的参与,而是说这种生物性因素在幸福感的体验中并不起决定性作用。简言之,对事物或世界的幸福体验,不是基于个体的先验审美力,而是由其后天的审美力所决定的幸福感,才可以称之为后验幸福。并且,由于后验幸福是由个体的后天的审美力所决定的,因此,如何培养这种后天的审美力,就成为能否获得后验幸福的关键。

今天,在日常生活中,我们常见的幸福,大多数已成为后验的幸福。或者说,先验幸福在很大程度上已被后验化了。所谓后验化,是说人的幸福感的来源,主要已不是人的生理性因素,而由人的后天经验或者后天形成的对于幸福的体验所决定。举例来说,在作为人的基本需要的饮食中,人通过美食体验到的,更多的已不是味觉的口感,而是从中体验到的文化内容与艺术趣味。这不是说对味觉感受之好坏已无关紧要,而是说对味觉的敏感能给味觉器官带来满足的快乐,但对于一个具有后验审美力的人来说,他通过此味觉器官感受与体验到的,已不仅仅限于味觉器官如味蕾所感受的生物性刺激引起的快感,而能通过这种味觉感受到那超出生物性刺激之外的更多内容,就像人的视觉器官不只能分辨墨之颜色深浅,同时还能感知那"墨分五色"一样。

正因为后天幸福由后天的文化以及后天审美力所决定,因此,我们看到不同个体之间,其后天的审美力彼此差异甚大。不同个体之间,其体验后验幸福之能力的差别,要远远大于其感受先验幸福之能力的差别。而且,对于后验幸福之体验,不同的个体彼此之间会有天壤之别。就是说,与同样的对象物打交道,或者说生活于同样的环境与境遇中,不同的人会有截然不同的后验幸福体验。举例来说,对某个人来说是幸福体验的事情,加之于另一个人头上,可能体验的却是痛苦。这说明这样一个事实:在大多数情况下,不同个体之所以会有不同的幸福体验,这与其说是个体之间有不同的先验幸福,不如说是由于其对后验幸福有不同的体验所致。

二、经验幸福与精神幸福

幸福体验还有经验幸福与精神幸福之分。本来,作为幸福的体验,应当是既包含着经验生活中的内容,同时又体验个体的主体精神品格的,为什么现在说幸福又可以区分为经验幸福与精神幸福呢?原来,虽然幸福体验离不开现实的经验事物并且与个体的精神性存在有关,但个体在体验幸福,甚至于在体验某种幸福的时候,却会产生幸福体验上的分化,即一者主要从感性的经验层面上来体验幸福,一者则主要从主体的精神层面上来体验幸福。可见,所谓的有经验幸福与精神幸福,并不是说从幸福的对象性或个体所与之打交道的外部世界来划分的,而是从个体的主体幸福感受来区分的。换言之,面对同样一个客体,处于同样的生活世界,此一主体体验到的是经验幸福,彼一主体可能体验到的是精神幸福。

经验幸福与精神幸福的划分不在其外延对象,而在于主体的幸福感受。从这种意义上说,先验幸福虽然由个体的先天的审美力所决定,但作为幸福体验,它主要来自于个体的生物性器官对外部世界的感觉,因此,这种幸福通常是经验幸福;而后验幸福是由人的后天习得性因素所决定的,但这种习得性因素并非就是精神幸福。后验幸福可能是精神幸福,也可能是经验幸福。精神幸福与其由后天因素所决定,毋宁说更多地由个体的先天精神气质所决定。或者可以说有的人天生容易感受经验幸福,另有的人则天生注定容易体验精神幸福。因此,对于后验幸福来说,其中的后天经验因素(比如说后天的审美经验与训练),不过是将其先天的审美倾向作为类型外显或者强化而已。比如说,上面所说的"墨分五色"的审美力虽然是通过后天得以完成的,但将此"墨"从"五色"方面加以鉴赏,说明它的审美关注点是在区分五色,而五色尽管是一个文化学的概念,却依然属于经验层面。而对于一个注重精神幸福的人来说,他关注的焦点将不会是"黑"之"五色",而是黑之作为精神存在的"理念"。换言之,在他眼里,墨是无所谓分为五色,甚至于墨是无所谓有"色"的。看来,精神幸福尽管面对的也是普普通通的感觉世界,但作为审美来说,此感觉世界中的形形色色消失了,呈现于他的眼前的,或者作为审美对象,他所"看到"的,只是观念或理念。对于精神幸福来说,世界是以精神方式,或者说以理念方式存在的;而他是在通过对世界的精神之美的观照中来感受与体验幸福。

应该说,经验幸福是感受幸福的普遍形式或普通形式。就是说,日常生活中,大多数个体所感受与体验到的,通常都是经验幸福。但不能否认精神幸福之存在,更不排除生活中有少数人对精神幸福之追求情有独钟,甚至不排除有极少数幸福机制特异化了的个体,其所见的世界无非是精神世界,因此,其所体验到的幸福,无非是精神幸福。

由于能体验到精神幸福,或者说将一切幸福都归结为精神幸福的人,毕竟属于人群中的少数,甚至是极少数,因此,这些人的精神幸福感受或体验,通常难以为人们所共享,或者只能在少数同样具有精神幸福感受与体会的人当中得以分享或获得理解,但这不等于他们体验到的幸福不"真实"。相反,由于精神幸福指向的精神或理念常常是超越或超离于现实经验世界的,由此,这种幸福体验也就得以摆脱现实世界的限制,可以容纳现实世界所无法包容的更多内容。这样看来,这些人拥有或享受的精神幸福内容并不单调或枯燥(这在常人看来如此),相反,其对于精神幸福的体验反倒可能是异常地丰富多彩;而且,这种幸福体验由于由个体的主体精神所激发,而突破了有限的感觉器官之限制,当其出现时,它对于幸福的体验可能也会比通常受制于感觉经验的先验幸福或后验幸福都来得强烈与深刻。

三、幸福的深度与广度

讨论过经验幸福与精神幸福,现在我们要来谈另一个问题:幸福体验的深度与广度。幸福的深度是指幸福体验的深刻与强烈程度。某一个体对幸福的体验愈有深度,则表明他的幸福体验愈有质量,这也说明这一个体接受感官刺激或内在感觉并将其转化为幸福体验的水平愈高。故幸福的深度也反映出个体将身心感受到的内外刺激转化为幸福感的强弱的能力。一个人感受到的幸福愈有深度,则他体验幸福的水平愈高。反之,一个人对幸福的体验缺乏深度,则他体验幸福的水平则低。

那么,个体的幸福深度是如何形成的呢?上面说过,精神幸福的深度可能超过经验幸福的深度。但是,不能用幸福的深度水平来与经验幸福与精神幸福作对应。就是说,对精神幸福的体验本身有深浅之分,对经验幸福的体验同样也可以区分出深浅。因此,所谓幸福的深度,是指对某种幸福体验,比如说精神幸福,或者经验幸福,以及不同的先验幸福与不同的后验幸福之间进行强弱水平比较的概念。毫无疑义,不同的个体未必想会追求同样的幸福,但就幸福体验而言,人人都希望能增加体验的深度。由此可知,前面所说的先验幸福、后验幸福以及经验幸福与精神幸福,只涉及幸福感的类型,是类型学的概念,而幸福的深度则可以涵盖各种不同的幸福,是关于幸福体验的质的概念。

幸福的深度既受个体的生物性机能的制约,同时也与个体的后天因素有关。而且,不同的幸福类型,其影响幸福深度的因素也不尽相同。比如说,先验幸福由于受个体的生物性因素的限制,因此,个体的生物性或生理性差异也是导致先验幸福会有深度上的差别之原因。后验幸福由个体的后天审美力所决定,而这种后天审美力是个体后天努力与社会环境影响的结果,因此,后验幸福的深度虽然有着个体的生物性与生理机制的限制,在更大程度上却由后天的环境因素所决定。与此类推,经验幸福的深度更多地与个体的生物性因素与生理机能有关;而个体的精神世界的生成固然打上个体先天精神气质的烙印,同时也与后天的修养密切相关,因此,精神幸福的深度同时取决于个体的主体精神气质和后天多种因素。

与幸福的深度可以相提并论的是幸福的广度。假如说幸福的深度是一个关于幸福的质的概念的话,那么,幸福的广度则是一个关于幸福的量的概念。对于一般人来说,通常对幸福的体验既希望具有深度,同时又具有广度。幸福的广度是关于幸福的外延的概念,或者说,它反映出个体究竟能从何种事物中感受与体验幸福的能力。虽然由于个体的先天与后天的差异,个体对幸福的感受与体验可以划分为类型,但我们发现不同的人在感受幸福方面却仍然会有很大差别。就是说,有的人只能在生活的某些方面,甚至于某个别方面发现与获得幸福,而有的人则可以从生活的许多方面获得幸福,甚至于可以同时体验生活中不同类型的幸福。前者,可以说幸福的感受范围与内容较狭窄,后者则感受幸福的范围与内容较宽广。这里要注意的是:幸福的广度与幸福的深度是不同的,它们两者之间没有正相关或负相关关系。就是说,有幸福广度的个体未必就一定获得幸福的深度,但也不意味着相反,即假如幸福有广度,则会降低幸福的深度。我们发现:生活中既有很深幸福深度与很广幸福广度的个体,也有幸福深度很浅与幸福广度很狭的个体,同时也有幸福深度深却幸福广度狭的人,或者幸福深度浅却幸福广度广的人。

与幸福的深度同样,幸福的广度既与个体的生物性本能有关,也与个体后天的生长环境以及修炼有关。但我们发现:相比较起来,个体的后天生长环境对于幸福的广度来说显得更为重要。这就是为什么生活中经常会出现这样的现象:在同样环境中生活的群体会形成许多共同的爱好;在同一个家庭里生长起来的儿童,在趣味方面也会彼此更容易接近。或许,个体在幸福体验的广度方面本来就存在着先天性的差异,但某个个体在现实中会将何种事物纳入幸福体验的视界与范围,始终还是受到环境的制约与限制。

四、现感幸福与后感幸福

在对个体的幸福体验作考察的时候,我们发现幸福还可以区分为现感幸福与后感幸福。所谓现感幸福,是指个体在追求幸福的过程中,当时或者说当下就能体验到的幸福。这种现感幸福在心理感受或者情绪体验方面很接近我们通常所说的快乐,凡快乐都是当下呈现的,但现感幸福之不同于通常的快乐,是因为它包括个体的精神性参与,甚至于是人的当下的精神性体验,而不是单纯由人的感觉器官的刺激所引起的生物性快感。

虽然如此,我们发现个体对幸福的体验远非只是现感幸福这么简单。比方说,个体对某些事物的感受在当时来说,的确是一种幸福,而非仅仅是快乐的感觉;但后来这种幸福的感受与体会却渐渐消失了,甚至有时候，这种当初曾经体验到的幸福感，随着岁月或时间的流逝已不复存在，而当主体回想或回味起当初经历过的这种幸福时，体验或感受到的却是一种痛苦。生活中还有这样的情形：当年个体经历的事情，当时使他感受到的是痛苦，但随着时间与岁月的流逝，当他再回忆起或试图回味当初的这段生活经历或生活事件时，他这时候心理感受到的已不再是痛苦，而成为幸福；或者说，与这段过去事情的回忆或记忆相伴随的，他心里面体验到的是幸福。生活中更有这样的情况：当年个体体验过的幸福，当时过境迁之后，这种幸福感非但没有消失，反倒随着岁月与时间的迁移，每当回想或回味起来，个体心里感受到的幸福感会比当年体会到的更强烈与更深刻。当然，还有的情况是：当年体验到的真切幸福，当时过境迁之后，这种幸福感也随着岁月的流逝而消失得无影无踪，回想起来，心中既无幸福也无痛苦，一切过去的事物就像从未发生过的一样，并未在现在的心中造成任何情绪波动与影响。

　　从以上情况看来，所谓的幸福感还是一个有待于澄清的概念，即谈幸福感的时候，到底是指当时的幸福感觉与体验呢？还是指事后体验到的幸福？其实，作为幸福来说，应当说这两者都是幸福。但作为幸福的体验来说，幸福的心理感受与引起幸福感的事件既可以出现于同一时空之中，又可以是在不同时空中出现的。前者，当幸福的心理感受与引起幸福的事件同步出现时，这种幸福可以名之为现感幸福。后者，当幸福感受与引起幸福的事件在时空上出现偏差，而且当幸福事件是作为回想或回忆而事后才获得的幸福感受，我们将它称之为后感幸福。显然，就现实中的幸福来说，幸福的现感与后感并非一定是同步的。就是说，有的幸福既是现感幸福又是后感幸福，有的只是现感幸福，也有的只是后感幸福。

　　那么，作为现感的幸福与作为后感的幸福，它们到底是如何形成的呢？应当说，现感幸福的实现与个体当时的感觉经验内容有关，即使是精神性的幸福体验,在当时也脱离不开具体的感性经验,是通过感性经验才得以实现或者转化为精神幸福。而后感幸福作为对当初的生活事件的回味,其当初感性接触的东西或场景是无法重新再现的,那些回想起来即使"栩栩如生"的情景与画面,其实都已经是作为一种精神性事件在脑海中出现的,只不过,当个体回忆或回味这种过去的生活场景时,他从内心中会感到幸福。从这里,我们看到:现感幸福与后感幸福最大的差别,主要还不是说它们是在两种不同时空中体验到的幸福,而是指对同一生活场景或生活事件的幸福心理体验,一者是当下的,一者是后事回想时才产生的。前者谓之现感幸福,而后者则属于后感幸福。

在日常生活中,虽然我们每个人大多既能感觉与体验现感幸福,也能感受与体验后感幸福,但个体在感受这两种幸福时却也会出现类型上的差异。就是说,有的个体的现感幸福的能力较强,而后感幸福的能力较差;反之,有的个体的现感幸福的能力较差,而后感幸福的能力反倒更强。前者更能体验到当下的幸福,后者则当下未必能体验幸福,却更容易得享后感幸福之赐。而我们发现:先验幸福与经验幸福往往表现为现感幸福,而后感幸福与后验幸福和精神幸福具有更多的亲和性。

五、幸福的排他性与非排他性

个体对幸福的体验还有排他性与非排他性之分。所谓幸福的排他性,是指个体只对某种或某些事物发生兴趣,并且在与这些事物打交道的过程中产生幸福感之后,会对其他事物失去兴趣,或者在与其他事物打交道中无法体验幸福。幸福的排他性有两种形式:一种是个体本来就只对某种或某些事物有兴趣,只能在对这种或这些事物的审美鉴赏中体验与感受到幸福,而对其他种事物则不易发生兴趣,或者即使与之打交道,也无法从中获得幸福。还有一种情况是:个体本来对许多事物都有兴趣,并且在与之打交道的过程中都能体验到幸福,但当他后来迷上或被某种或某些其他事物吸引以后,就只对这种或这些新的事物发生兴趣并且从中获得幸福,而对他原先能感受幸福的事物则失去兴趣或无法再感受幸福。前者,可称之为本原性的幸福的排他性;后者,可称之为习得性的幸福的排他性。但无论是本原性的或习得性的,幸福的排他性意味着个体的幸福感的获得只指向某个或某些个别的事物。幸福的非排他性相反,指的是个体对不同的多种事物都极有兴趣,并且能在与这些事物打交道的过程中感受幸福。也就是说,对于非排他性的幸福个体来说,其获得幸福感的幸福对象物多种多样,并且在享受幸福时彼此不相排斥。

作为幸福体验的两种类型,幸福的排他性与非排他性之形成,与幸福的人格类型具有内在联系。简言之,个体之所以产生排他性或非排他性的幸福体验的心理机制与心理特征,其实是他的个体主体人格的表征;是主体幸福人格的差异,导致不同个体或对某些事物产生幸福的排他性,或者不出现排他性。由于幸福的排除性只对某个或某些事物能产生幸福感,换作其他事物,则无法吸引他或使之产生幸福感,因此,这种幸福的体验通常不仅表现为幸福体验的专注,甚至会成癖。就是说,由于其对幸福的体验具有排他性,也就意味着他对其专注的幸福体验具有专享性或专门性,假如这种幸福的对象物不再存在,则其会感到痛苦甚至于无法忍受。反之,幸福的非排他性由于幸福对象物的多种多样,其对幸福的体验则无癖性,也不会只停留或专情于某一种类的事物。

人们容易将幸福的排他性与非排他性理解为幸福对象物的多寡,即幸福的广度的概念,以为幸福的排他性意味着幸福的广度狭,而幸福的非排他性意味着幸福的广度广。其实不然。幸福的广度是指个体的幸福感的来源有范围大小的不同,而幸福的排他性与否指的是个体在体验幸福的时候,不同的幸福对象物之间能否兼容。同一个人虽然对于幸福的体验具有对象物上的多样性,但当他体验某种幸福时,可能这些幸福对象物之间彼此或者可以兼容,或者很难甚至无法兼容。前者意味着他作为幸福的体验者,可以在同一时刻或同一时间段内同时从各种幸福对象物那里获得与体验幸福;后者意味着他很难或无法同时在与这些不同的幸福对象物打交道中体验幸福,即言之,虽然他对较大范围的幸福对象物具有兴趣,但它们无法同时给他提供幸福感。

幸福的排他性与非排他性也不能与幸福体验的深度深浅画上等号,即不能说具有排他性的幸福就一定是深度深,幸福的非排他性就意味着感受到的幸福深度浅。一个人的幸福具有排他性,他体验到的幸福感可能深度深,也可能深度浅。同样,一个具有非排他性的幸福的个体,他体验到幸福感可能深度深,也可能深度浅;也可能在这方面的幸福体验深度深,另一方面的幸福体验深度浅。

从这样看来,幸福的排他性与非排他性,更像是一个关于幸福体验的历时性而非幸福体验的共时性概念。它指的是某个体在某个特定时空中对幸福体验的幸福对象物大小之范围,而非指此个体能够感受与体验幸福感的所在对象物的范围。后者在外延上要大于前者。幸福广度广的幸福,其幸福对象物可能在幸福的排他性之中,也可能不在幸福的排他性范围,这取决于个体在幸福获取过程中的心理机制与机能。如前面曾说过的,从心理机制来说,幸福感的获得取决于心灵能的大小与流向。对于有些个体来说,在幸福感的实现过程中,虽然有多种幸福对象物存在,但他的心灵能仅会对其中某一种幸福对象物作出反应,使心灵能集中而不是分散地或同时地流向各种幸福对象物,则此个体表现出的是幸福的排他性。反之,假如某个体的幸福感的实现过程中,面对多种幸福对象物,其心灵能能同时对各种不同的幸福对象物作出反应,并且其心灵能同时流向多种不同的幸福对象物,则此个体表现出幸福的非排他性。这样看来,所谓幸福的排他性与否,取决于个体在实现幸福感的时候,其心灵能的流向与集中程度。个体心灵能的流向愈集中,则个体的幸福感愈具有排他性,反之,其心灵能愈分散,则其幸福感的获得愈没有排他性。

　　幸福的排他性与非排他性的出现,从心理机制上看,与心灵能的流动及其集中程度密切相关。当与外部世界或多种幸福对象物打交道时,对于幸福排他性的个体来说,其心灵能会集中向某一幸福对象物流动,这既导致幸福感获得的高强度与高浓度,同时也由于心灵能的集中而形成心理上的负荷紧张。而对于非排他性的个体来说,其心灵能是分散或遍布于不同幸福对象物的。这使个体的心理负荷避免了由于过度集中而带来的内在紧张,但同时,其对幸福的体验由于心灵能的分散而导致浓度的稀释。假如说个体对幸福的体验同时可以转化为工作的效率的话,那么,可以看到:属于幸福排他性类型的个体工作起来,效率无疑会更高;但由于是排他型,其对于幸福的体验形成心理负荷的紧张,这种幸福机制的实现虽能提高工作效率,但其效率可能难以持久,因此,这种幸福机制是支付型或者说消耗型的。反之,具有幸福非排他性的个体在体验幸福的实现过程中,其心灵能是分布于不同幸福对象物的,这未免会降低其在幸福体验过程中工作的效率,但是,心灵能的分散也降低了其心理的负荷与压力,使其对幸福的体验显得轻松和随意从容,从而,其幸福机制的实现可以说是享乐型或消费型的。

六、幸福的积累性与非积累性

　　谈幸福的体验,还有积累性与非积累性之别。所谓幸福的积累性,是指这种幸福是由各种不同的幸福或幸福感积累起来才得以完成的;或者说,个别的或暂时性的幸福体验只是这种幸福的局部表现形式与体现。反过来说,只有当这些各种不同的幸福叠加起来以后,个体认为幸福才算完美。显然,这种对幸福的体验更多地具有反思的成分。也可以说,它是因为对体验过的幸福还不满足,心理上期待着还有其他更多的幸福出现而产生的幸福期待心理。因此,也可以说,这种幸福是一种"期待的幸福"或"有待于满足"或"暂未满足"的幸福。在日常生活中,我们处处感到这种幸福的存在。也就是说,我们承认我们可以而且在平常的日常生活中已经感受到或体验过幸福,但觉得这种幸福还不完整,或者还不理想,离我们心目中想象或渴望的幸福还远,但作为幸福,它们又是真实的,因此说,此种幸福是有待于完成或者说尚未完成的。

但我们发现:在生活中,或者在少数人甚至极少数人那里,却还存在着一种非积累性的幸福。所谓幸福的非积累性,是指这种幸福不靠积累,而是一次性就完成的。幸福可以不靠积累而一次性完成,说明这种幸福来势之猛,给予个体心理冲击力之大与心灵震撼性之强,以至于他仅体会或体验此一次,便足以实现或完成了幸福,或者认为此即完满的幸福。当然,构成所谓幸福的非积累性的外物,可以是一次幸福的事件,也可以是某种幸福对象物;它们作为幸福的事件或事物,可以是一次消费掉的,也可以是以后还出现或存在并再供享用的。但是,此幸福的非积累性又意味着唯一:幸福感的唯一,幸福事件或者幸福对象物的唯一。即此种幸福之完满的感觉是只属于此一幸福事件或幸福对象,而无法用其他幸福事件或幸福对象来替代的。应当说,幸福的非积累性是相对于幸福的积累性来说的;绝对的非积累性幸福是少之又少的,它通常意味着幸福的高峰体验,是个体作为主体在当时或当下所感受或体验到的幸福的"唯一"。至于它是否真的唯一,是无法或很难用客观的事实来加以证实或证明的。情况很可能是:在某种处境下,个体主体真切而且确实地感受到或体验到这种幸福的"唯一性",认为有了此种幸福便终生无憾,此生更复何求;但时过境迁之后,这一个体或许又会不满足于此种当时在他看来是唯一的幸福,而去追求其他的幸福。这样看来,不仅非积累性幸福在现实生活中具有稀缺性,而且其唯一或稀缺性也具有不确实性。

但无论如何,个体在某一时刻或时间段感受或体验到幸福的唯一性,这说明这种唯一的幸福于他来说不仅相当重要,而且是完满或完美的,以至于令人当时"心满意足"。因此说,幸福的非积累性可能内包有得到了完满或完美幸福(哪怕是想象的或虚幻的)的满足。

但是,幸福的非积累性还有另一种含义,这也是我们在日常生活中会遇到的情形,就是我们明知某种幸福并非是那么地完满或完美,但只是我们遇到了或者说体验过了,因此我们便自此知足,此外再无他求;甚至当这种幸福已经消失掉了,但仅仅由于它曾被我们感受或体验过的,我们便从此满足,以致可以不再追求其他幸福。这种非积累性的幸福虽然在日常生活中不经常存在,但在某些个体的生命历程中,有时确会感受与体验到这种幸福。幸福之体验要成为非积累性的幸福或者说"唯一性"的幸福,要有一个前提,即此种幸福的体验对个体来说非常之强烈与异常之深刻,以至于在个体的精神世界中打下了永久的烙印,甚至内化为其精神的生命,也只有在此种意义上,其个体才感到此种幸福由于成就了他的精神生命,而使得他可以从此不再需要其他幸福。显然,这种非积累性的幸福除了因受到异乎寻常之强度或烈度的幸福事件或幸福事物之冲击才能导致之外,其成就的基础还根据于这样一个事实,即个体幸福体验的精神性。通常只有对精神性幸福有着异常深刻体验的个体,才会体验到这种非积累性的幸福。与个体对精神性幸福体验相伴的是,所谓非积累性幸福作为个体的精神性幸福体验,具有非常强烈的主观性与主体性质。就是说,对于某个人来说,某个别幸福事件或幸福对象物可以构成非积累性幸福的体验,而对于另一个体来说,是其他某一幸福事件或幸福对象物才构成他心目中或者他能体验的非积累性幸福。换言之,那些属于非积累性幸福的幸福事件或幸福事物,在不同个体之间是难以获得其共识的。

七、幸福的兼容性与非兼容性

与幸福的积累性与非积累性有联系的,还可以谈一谈幸福的兼容性问题。我们发现:生活中有不少幸福是可以兼容的,所谓兼容,就是说不同的幸福种类以及对它的体验可以同时兼容,或者说彼此不排斥。打个比方,身体健康是一种幸福,家庭幸福美满也是一种幸福。此两种幸福之间并无冲突,彼此之间可以兼容。又比如说,沉醉于音乐爱好是一种幸福,欣赏绘画艺术也是一种幸福,外出旅行领略自然风光也是一种幸福,这些不同的幸福享受之间彼此也不冲突,可以相互兼容。正因为不同的幸福之间可以相互兼容,所以,人们才会想到要去追求最大量的幸福。实现最大量的幸福的一个重要前提,就是各种不同幸福可以相互叠加。也正因为不同幸福彼此可以相互兼容,人们的日常生活才显得丰富多彩,其对幸福的体验也同样地显得多彩多姿。追求幸福的兼容性,也成为人类社会进步与发展的动力。

但我们发现:也并非所有幸福都是可以兼容的。幸福的不可兼容性,有的是绝对的不可兼容。比如说,感性冲动的幸福与形式冲动的幸福彼此很难同时兼容,酒神式的幸福体验与日神式的幸福体验很难同时兼容。内倾态势的幸福体验与外倾态势的幸福体验很难同时兼容。但我们注意到:幸福的绝对不可兼容性在日常生活中是很少见的,而且,即使上面所说的这三种幸福的不可兼容,也只是在经过幸福类型学的定义以后,才不可兼容,而在生活当中,这三种不同类型的幸福体验只要不同时发生,它们彼此之间还是可以兼容。因此,幸福的不可兼容,更多地是与幸福体验的时空条件联系在一起才有意义,就是说,所谓幸福的不可兼容,是指不同的幸福难以或不可能在某一具体的时空中同时实现,这才是所谓幸福的不可兼容的意思。而这种幸福的不可兼容性,也是现实生活中普遍存在并且经常发生的。

也正因为如此,如何面对幸福的不可兼容性,才成为现实中的个体经常遭遇且必须妥当处理的问题。我们发现:说现实中的人们都在追求幸福的实现,不如说现实中的人们都在选择幸福。所谓选择幸福,也就意味着在不同的幸福之间进行选择。而有所选择,就会有所放弃或拒斥。幸福是个好东西,而人们之所以除了选择幸福之外,还要放弃某个或某些幸福,这是因为不同幸福之间的难以兼容,追求或获得了此种幸福,就意味着放弃了他种幸福。这种幸福之间的不可兼容性,是现实中的个体的普遍性存在境遇。

从幸福的不同兼容性,我们可以理解:为什么会有上面所说的积累性的幸福与非积累性的幸福之分。按说,最大的幸福意味着不同幸福的彼此叠加,因此,最大最好的幸福应当是积累性的而不是非积累性的,可是,为什么现实中有的个体,却偏偏会去选择非积累性的幸福,甚至为了某种幸福的一次性体验而甘于从此放弃其他所有幸福呢?这是因为不同的幸福之间彼此难以兼容,使个体在作出选择时,只好为了某种幸福而放弃其他幸福。说到这里,人世间对幸福的追求遇到的最大难题,并非是在同一方向上的幸福之最大量与最小量之间作出抉择的问题,而是在不同方向的幸福之间加以选择的问题。由于是不同方向的幸福,这些幸福彼此之间很难衡量孰者最佳,孰者次之,孰者为劣。作为幸福来说,它们都是好的,并且是个体所欲求的幸福。然而,处于现实境遇下的个体只能在其中加以取舍,这也就意味着幸福选择的代价,选择了此种幸福,则意味着放弃彼种幸福。当然,假如说真个遇到生活中的奇遇或奇迹,使个体当时甚至事后都认为此生选择了此种幸福，则其他一切人间幸福都无足轻重的话，这也就罢了。然而，现实的困境是：当要对幸福作出选择的时候，我们根本无法知道这些不同幸福之间的孰高孰低，也无法去比较其孰高孰低。这就是为什么人们在选择幸福的时候，常常会陷于"顾此失彼"的尴尬，为什么有人在选择某种幸福之后，会因为后悔而遭受痛苦。这也是为什么有的人作出的幸福选择，会被他人视之为盲目的甚至是错误的选择，以及为什么有人由于某种选择的结果，被他人视之为"身在福中不知福"的道理。这种身在福中不知福，还不说是不同个体之间对幸福的理解不同，而是说，尽管对于幸福的看法一样，但在对幸福的选择上，却会有方向上的歧异。

从幸福之不可兼容性可以得出这种结论：任何个体一旦对幸福作出选择，他所能获得的，只能是"有限的幸福"。这种有限的幸福还不只是说幸福作为理念意味着完满，这种完满的幸福在现象界中无法实现，而且是指即使现实生活中有许多不同的幸福是我们可以去加以实现的，但我们作为个体，却只能在其中选择若干甚至一种，而无法去实现这现实当中可以实现的所有幸福。

意识到幸福的不可兼容性总比不知道幸福的不可兼容性好。因为这意味着人在选择现实的幸福时，要保持清醒。假如在不同的幸福之间难以比较彼此优劣的话，那么，明智一点的做法（明智的做法不一定是"理性"的方法）是：假如你必须在许多不同的幸福之间作出选择的话，那么，你就其中选择一种或某种最适合你的幸福吧。所谓适合与否，不是根据其他外部的功利性或实际的考虑，而是要幸福适合你的性情与兴趣。既然幸福是作为人生之审美方式而出现的，那么，适合你的性情的人生设计，就是你最美好的人生了。这种适合你性情的人生假如能够实现，那么，你就是幸福的人了。故而，人间似乎难遭遇完满的幸福，也容不下完满的幸福。这也意味着对现实中的个体来说，没有所谓最好的幸福，只有最适合于你的幸福。假如你选择了最适合你的人生道路,遭遇到最适合你的生活事件,那么,在某种意义上说,你也就"完满"了。此处之完满,是指适合于你个体的完满,而这种完满是可以在有限的个体生命中实现的,关键是你要学会在不同的幸福之间作出适合你自己的选择。

八、幸福的当下实现性与可延缓性

幸福的实现具体体现为某种幸福感。就是说,假如某个个体自己没有体验到幸福感,仅仅通过其他人的观察或评定,然后说这个体是幸福的或不幸福的,这并非对个体来说是一种幸福,充其量是其他人心目中认可的幸福。然而,当对个体的幸福感进一步进行考察时发现,说个体的幸福感,其实并不那么地简单。因为个体是一个在时空中变化的存在者,其对幸福的感受与体验也会随着时空的变化,尤其是岁月的流逝而变化。虽然我们说幸福感是个体的心理体验与精神性事件,可是,这所谓心理体验与精神性事件,到底是在个体的哪一段时间中呈现的呢?一旦如此发问,我们发现幸福其实分为两种:当下性的幸福与可延缓性的幸福。这两种幸福都是真实存在的幸福,因为它们都是个体在具体时空中真实的幸福体验。

表面上看,当下幸福与可延缓性幸福和前面说过的现感幸福与后验幸福容易发生混淆,即当下幸福似乎就是现感幸福,可延缓幸福似乎就是后感幸福;其实不是的,这两类不同的幸福各有它们不同的所指:现感幸福与后感幸福是对同一幸福对象物而言,即对于某个事物或某种事件,假如我们在当时就从它那里获得了幸福体验,那么,对此种对象物的幸福体验即构成现感幸福(也即当下兑现的幸福),反之,假如这个事物或事件给我们的幸福是事后才感受到的,那么,对这同一对象物的幸福体验就属于后感幸福(即事后才得以兑现的幸福)。而当下幸福与可延缓性幸福是对不同的事物或事情而言,即认为有的事物或事情,我们对它的幸福感受是当下就能实现的,而有的事物或事情作为幸福对象物来说，目前还没有出现，但我们目前认为或者相信它们以后会出现，而且一旦出现，它们会给我们带来幸福感。可见，当下幸福与可延缓性幸福是指向不同幸福对象物的，而且作为幸福对象物，它们之存在有着时间差，能体验当下幸福感的事物或事情是现在时的，而能提供延缓性幸福的事物或事情要在未来才会出现，它们属于将来时。之所以将当下幸福与可延缓性幸福加以区分，是因为现实生活中，人们追求的幸福无非属于这两类，不是当下的，即属于延缓性的。然而，无论当下也好，可延缓性也好，它们都构成人们追求幸福的动力。

要注意的是，当下幸福与可延缓性幸福并非是非此即彼的，即不是说假如选择了当下幸福，就无法选择或失去了可延缓性幸福，也不是说假如选择了可延缓性幸福，就无法再同时选择当下幸福。从这方面说来，这两类不同的幸福具有相容性。但无可否认的是在现实生活中，就幸福的选择与追求来说，不同的个体对于这两类幸福的选择会有重轻之别。尤其是在某种具体的境遇下，假如这两种幸福的选择处于矛盾冲突的情况下，那么，就会发生这样的情况：有的个体倾向于选择当下幸福，或者为了当下幸福而舍弃可延缓性幸福；也有的个体会反过来，为了可延缓性幸福而放弃当下幸福。

我想，作出这两种不同的选择都各有其道理，而且通常难以比较其优劣。选择当下幸福的理由在于：当下的幸福是现在实实在在就呈现在那里的，而以后对这种幸福的体验到底是好是坏，我们目前根本无法知道；而且即使可以猜想，但它究竟发生不发生，这也无从知道。更何况，后来的幸福感与现在眼下的幸福体验也根本无法比较。那么，还是选择眼前可以体验到的实实在在的幸福吧。这就是现实中，有人会作出此种选择的原因。

然而，在两者只能择一的情况下，也有人可能会选择可延缓性的幸福。这不是说他不知道这种选择可能带来的风险，即他估计日后的

第三章 | 幸福的艺术

可延缓性幸福虽然可能发生,却未必到时一定发生,这样,假如不发生的话,他可能不仅没享受到后来的幸福,而且也失去了眼下的幸福。但明白了此点,他可能还是会去选择可延缓性的幸福。其道理在于:假如他选择了眼下的幸福,意味着他从此不能再选择或享有其他幸福。假如这样的话,那么,他宁可会放弃眼下的幸福而选择未来可能出现的幸福。看来,这两种幸福的选择都有"打赌"的性质:一者以未来的幸福作为赌注,一者以眼下的幸福作为赌注。

但是,幸福不仅是指个体遭遇某个事物或某种事件时获得的幸福感受与体验,它也可以是个体对于他整个人生的幸福设计。我们发现:假如非得作非此即彼的选择的话,大多数人经过理性的衡量之后,可能会放弃当下的幸福而去选择那延缓性幸福。这是因为,假如眼下幸福的实现要以失去未来幸福作为代价的话,那么,当下成为过去,我们每个人就没有幸福可言了,甚至也得不到任何幸福的期盼了。这样看来,所谓个体对幸福的追求,应当是指个体整个生命对幸福的追求;而这个体的整个生命对幸福的追求,在当下成为过去以后,其实是指向未来的幸福。就是说,对于我们每个个体来说,幸福意味着我们还有比现在更好的未来幸福。因此,我们才会去追求。追求幸福其实是去追求未来可能实现的幸福。虽然这种幸福未来也许实现,也许不实现,但至少,对它的想象会成为我们人生追求幸福的动力。这样看来,一个人对于未来幸福或者说可延缓性幸福的期许愈大,则他就愈会去追求这种幸福。事实上,我们观察到:现实社会中,我们每个人都在不同程度上,或多或少,是在追求这种可延缓性幸福。就作为幸福体验来说,可延缓性幸福也是一种极其真实的幸福体验,丝毫不比当下实现的幸福逊色。因为幸福既然是一种个体的精神性事件,那么,这种精神性事件是无关乎眼下或者未来的,而是指任何幸福的体验都是当下发生的。从这种意义上说,可延缓性幸福之所以延缓,只是指实现幸福感的某些客观方面的内容;而作为个体的幸福体验,可延缓性幸福的幸福体验其实也是当下的。

至于人类社会,在任何时候都会鼓励个人去追求可延缓性幸福,我们人类社会的种种建制,包括政治的、经济的、社会的乃至于文化方面的,更无须说宗教的,都是以有助于人们去追求这种可延缓性幸福而设计出来的。比如说,我们的整个社会,都要在各方面提出未来的远景计划与蓝图,并且为未来幸福的实施提供某些制度方面的保障,文化以及意识形态也在为未来的幸福提供观念与进行论证,而任何科学研究以及技术的发明,也都是在为人类的未来幸福谋取利益。这样看来,可延缓性幸福在人类的幸福追求中,至少应当占有与当下实现的幸福同样重要的位置。

九、幸福的私人性与公共性

最后,我们来谈一谈幸福的私人性与公共性。虽然幸福是个人性的精神事件,然而,这种个体的精神性存在,却与社会的公共性相关。也正因为如此,讨论幸福问题的时候,我们发现:幸福其实是既可以从私人性角度加以讨论,又可以从社会公共性角度加以探究的。换言之,幸福是既具有其私人性,同时又具有公共性的。

所谓幸福的私人性,是指个体的幸福体验完全是基于个体主体的精神体验,是幸福人格主体对幸福的自由追求,无论就其幸福的内容以及幸福的类型,都是自我做主的,是个体的自由意志行为,无待于外力,也不由社会其他成员决定的。此外,幸福的私人性还意味着个体幸福体验具有难以言传、难以完全为他人共享的私密性。这也就是说,某个体对幸福的体验是个体对幸福的独特心理与精神体验,这种个体的独特心理与精神体验很难通过语言等社会交往媒介完全、准确地传达给其他人,而且,愈是独特的精神个体,其幸福的精神性体验愈难以传达或为他人所共享。这是因为经验性的幸福(与快乐接近)较容易传达与引起共感,而愈是突出其精神性维度的幸福体验,则由于其独特性愈强而难以引起共鸣。对于这种人来说,幸福的体验由于其是私人性的而成为个体珍惜的价值。

然而,幸福不仅具有私人性,而且具有公共性,甚至可以说,严格的、纯粹的幸福体验的私人性不仅少见,甚至是不可能的。因此,说幸福体验的私人性,仅是与幸福体验的公共性相对而言。现实生活中,任何个体体验到的幸福其实都是幸福的私人性与幸福的公共性的统一。

幸福的公共性有如下三种含义:首先,幸福体验的公共性。个体的幸福体验表面上是个人的事情,似乎与社会上其他成员无关,但是,与社会上其他成员无关,不等于其幸福的体验与社会无关。也就是说,任何个体的幸福体验都是在特定社会环境中进行的。这不仅是说社会提供给他得以进行幸福体验的条件与环境,而是说他作为个体,其幸福体验的内容以及方式方法,都受到社会环境的影响,无法脱离社会公共生活;从而,其对幸福的体验也就容纳了社会的内容。例如,任何特定的社会与历史时期,都会有不同的审美趣味与风尚,以及被此社会中大多数人所关注的审美与社会话题,而且这些话题有其通常的话语表达方式,这样的话,作为生活于此一社会环境中的个体,其审美的内容与话题及话语方式,不可能不受其社会环境的影响,从而显示出其幸福体验的公共性一面。社会环境的范围很广,既有社会的历史传统,也包括某特定时期的社会经济、政治、文化、习俗与道德风尚等方面的因素。这种种社会环境方面的因素都给个体的幸福体验打上社会公共性的烙印。比方说,在某个特定历史时期,某种社会环境中的人们普遍关心的是幸福与社会经济发展的关系问题,并且对此问题有着深切的感受;作为生活于这个社会中的一分子的个体,他自然而然地也就分享了或共有了这个社会关于幸福问题的话题,并且会从这个方面去感受与体验幸福。另外,个人的幸福还与他的生活阅历、文化教养、文化趣味、家庭生活乃至于各种社会关系具有关联,这种种外部环境的因素,都构成个体幸福体验的具体内容。换言之,个体的幸福体验,其内容与形式,都离不开他所在的社会环境与历史空间,而且受其制约与影响。

幸福体验的公共性不仅仅指个体的幸福体验受制于其所在的社会环境,其体验幸福的方式与内容都打上了历史社会文化的印记,以及个体的精神性存在与成长都是历史环境的产物,而且是指个体对幸福的评价也具有公共性。这不是说,对于个体来说,只有公共性的或者说其他人认可了幸福,对于他来说才可以是幸福的。而是说,个体对何者为幸福,以及对于幸福的理解与评价不仅仅来自于他作为个体的独特体验,而且是在某种社会公共空间中形成的,这种社会生活的公共性会影响他对于幸福的评价,从而也影响甚至决定了他对于幸福的体验。举例来说,在中国传统社会里,婚姻是由父母包办的,因而传统社会中大多数的个体,是在这种父母包办的婚姻中来体会与领略婚姻与爱情的幸福的。而在现代社会,当真正的情爱成为爱情与婚姻之基础时,大多数社会个体则更倾向于在"自由恋爱"中才能体会与实现其爱情与婚姻的幸福。又比如,在中国传统社会,由于社会上流行"士农工商"的社会等级观念,作为男性个体,大多数人希望走"学而优则仕"的道路,并认为只有"做官"才是人生最大的理想与幸福,而将从事商贾之业仅视之为谋生的需要,不认为从中可以实现人生的真正幸福。而在现代社会,由于社会的发展愈来愈依赖于工商的发展,这时候,从事工商活动并在经济上"致富",不仅不再被人看不起,反倒成为不少人梦寐追求的人生最大理想,并且能够从中获得极大乐趣与幸福。

幸福的公共性的第三种含义是指:幸福虽然基于个体的独特体验,然而,其个体体验到的幸福却具有普遍的社会与人性的内容。也就是说,幸福的内容不仅仅是个体所独享的,它还可以被社会其他成员所接纳与认同。这也是幸福之不同于个人的某种"癖好",而可以为社会上其他成员所认可,具有某种社会的公度性与可以被普遍化的原因。举例来说,家庭关系和睦,一家人能够享受"天伦之乐",这种从家庭生活中体现到的幸福绝不止是某一个人或某些人的特殊癖好,其中更多地容纳了社会的普遍性价值与普遍人性的内容。又比如,人们喜欢观看美丽的风光与欣赏美的艺术,能在这种审美鉴赏中体会到幸福,这也远非某个别人的兴趣与爱好,其个体体验的幸福感当中也折射出"审美即幸福"这一普遍性的人性内容。

个体幸福体验的公共性对于个体的幸福具有重要意义,它既为个体之追求幸福增添了新的含义和内容,并且还为个人之参与社会生活甚至于社会运动提供了重要驱力。我们看到,个体追求幸福是始于他追求个人性的幸福这一事实,但当他在追求幸福的过程中,发现他的个人幸福并不仅仅是他这一个体之事,而且与社会生活以及其他社会成员的生活联系一起。换言之,他作为个体的幸福不仅仅是他个人的,而且是脱离不开社会的,是有待于社会才能实现的,一旦认识到此一事实,这时候,他对幸福的追求就会从追求个人性的生活向追求社会幸福方面转变。著名的例子是:历史上不少提倡个体婚姻自由与幸福的个体,其始于追求个体婚姻幸福,到后来发展到追求整个社会以及人类的婚姻幸福。故而,个体的幸福的公共性既是联结个体幸福与群体幸福的桥梁,也成为个体追求社会幸福,参与社会变革活动的动力。

十、独享性幸福与共享性幸福

幸福的共享性不同于幸福的公共性。幸福的公共性是指个体对幸福的体验、评价以及幸福的内容都具有社会的普遍性,容纳有普遍性的社会与人性内容。而幸福的共享性是指:幸福不仅仅是个体的独特精神与心理体验,而且它还要求这种幸福的体验能够被他人承认并且与他人共享。从这种意义上说,任何真正意义上的幸福绝不只是可以脱离社会其他的幸福而可以单独享受的。或者说,没有纯粹属于一己的独享性幸福。任何个人的真正幸福,其实都是独享性幸福与共享性幸福的统一。这里,独享性幸福是指个体对于幸福的体验是个体性的,他人无法分享或难以分享;共享性幸福则是指个体又希望他的这种属于个体性的幸福体验能够被他人所分享与共有。关于幸福是独享性幸福与共享性幸福的合一,在日常生活中我们都可以有这样的经验。比如说,当我作为个体体验到某种幸福感的时候,常常会不自觉地希望这种幸福感能与我们周围可以信赖的其他人分享,而当这些人分享到我的幸福感的时候,反过来又增加我对幸福的体验与感受。这就是说,个体的幸福具有追求独享性幸福与共享性幸福的合一的趋向。

其实,幸福的这种独享性与共享性的合一,是由人是群体的动物这一属性所决定的,即个体当他享有幸福的时候,他还希望能进入社会的公共空间,将其关于幸福的私人性话语转变为公共话语,让其他人所分享。人的这一属性也反映了幸福的本性:人希望与世界结成一种幸福的共在关系,这其中也包括希望与他人共享幸福,与他人结成一种他希望的幸福共在关系。其实,当前面说幸福是个体与世界的一种共在关系时,也曾包含这方面的意思:对于任何个体来说,世界不仅仅是自然世界,而且主要指人的世界。故而,幸福的共享性意味着个体的幸福体验要进入这一可以共有或共享的人的世界。也正是在这种意义上,当年孟子在游说梁惠王时,就曾以"独乐孰如众乐"的道理来启发梁惠王,向他说明:假如真正想获得快乐与幸福,一定要与民"同乐"。

幸福的共享性意味着幸福不仅仅是个体的心理感受与体验,而且是个体性的"精神性事件",这也正是幸福之不同于快乐的根本区别点之所在。我们前面说过,快乐是个体性的心理体验与情绪体验,这种心理体验主要来自于外部世界对个体感觉器官的刺激;而幸福感的形成虽然也有主体的感觉经验,但它主要却不是由外部世界的感觉刺激引起,而是来自于主体对这些外部感觉刺激的审美感受与反应。从这种意义上说,对于幸福而言,外部感觉刺激仅只为幸福提供了经验材料,而对这些经验材料的接收能否转化为个体的幸福感,更多地取决于主体对这些感觉经验材料的审美加工与处理。后者则不来自于具体的感觉经验,而属于康德所说的具有先验性的审美判断力。这种审美判断力与其说是由个体的人格所建构起来的,毋宁说它是一种人类的共通的精神。从这种意义上说,只有当个体的幸福感内在地包含着整个人类的审美精神要求的时候,它才是真正意义上的幸福,也即实现了幸福的独享性与幸福的共享性之合一的幸福。

这里要注意的,通常我们说独享性幸福与共享性幸福的合一的时候,指的是个体希望与他人共享幸福或"共乐"。其实,,共享性幸福不仅仅是对人类世界而言,还包括自然世界。从这种意义上说,最高义的,或者说真正意义上的独享性幸福与共享性幸福的合一,还指作为个体的人或整个世界,包括他人的世界以及整个宇宙世界的幸福的合一。因此说,独享性幸福与共享性幸福的最高境界,其实是一个无人我与万物齐一的"天人合一"的世界。而个体只有进入这个最高境界之后,他才会感受与体验到真正意义上的幸福——完满的幸福。

第五节　幸福的价值

一、超越快乐原则

前面,我们都是在肯定人要追求幸福的前提下来讨论幸福的,或者说,我们认为追求幸福是人的本性或"使命"。然而,为什么追求幸福会是人的本性或"使命"?假如不追求幸福,究竟又会如何?一旦如此发问,我们发现:将幸福视之为人的本性或使命,其实是一个"价值"问题,即认为追求幸福才体现人的价值或者人的存在意义。那么,幸福于人来说,究竟有何价值呢?或者说,人为什么非得要通过追求幸福来体现其价值呢?这个问题,简单说来,就是关于"幸福的价值"问题。

在讨论幸福的价值的时候,首先要对何为"价值"作一种说明。日常生活中,通常人们说的"价值",是指能够满足作为个体或群体的人的需要的价值。比如说,假如一件物品对人有用,我们就说这件物品有价值。假如一件物品对人的用处愈大,则这件物品就被人们判定为愈有价值。这种对于价值的判断与定义,着眼于事物或物品的功能的考虑,只能说是一种"外部价值"。其实,从本体论意义上来看,一件事物或东西存在之价值,就在于它自己:假如它的存在是适合于它自己,符合它的本性,则它就有其价值。而且,一种事物愈彰显其本性,则愈显示其价值。这种立足于事物之本性的对价值的判定,属于一种"内在价值"。假如说价值可以有外部价值与内在价值的话,那么,幸福之

所以值得珍惜,首先就在于它的内在价值。

幸福的内在价值是对人而言的,是指幸福符合且彰显人的本性。人的本性是什么?从形而上学的意义看,人的本性是追求"一切即一"与"一即一切",以达到"天人之境"。如前面所言,作为审美的幸福可以满足人的这一终极向往与最高追求,故幸福对于人来说,具有其他任何价值都无可代替的"内在价值"。从这种意义上说,幸福不是其他,就

是人的本体生命。个体获得了幸福，也就是个体生命的真正实现。

正因为幸福是个体生命的实现，因此，幸福之降临于个体生命，具有它不同于通常快乐的如下几个特点：1. 弥漫性。幸福的弥漫性是指幸福是遍及于全身心的生命活动，需要全身心的投入参与，这与快乐仅仅限于肉体感觉器官或者心理感受的某个方面的刺激不同。2. 深刻性。这是指个体对幸福具有非同寻常的深刻体验。这种体验既包括心理方面的，而又不限于纯粹心理的体验，常常指向其精神的层面。3. 恒久性。幸福的恒久性是指幸福体验不仅仅是当下的体验，而且这种体验参与个体的生命人格的构成。故幸福不仅仅属于一种心理体验，而且成为一种精神积淀，在以后个体的生命存在中留下其长久而深刻的印痕，此与快乐仅属于当下的心理体验，过去之后就完全消失，难以寻觅它的踪迹并不相同。4. 治疗性。幸福的治疗性是指幸福体验有助于健全人性的生成。个体在日常生活中可能会遭受重大的压力与挫折，而幸福之体验则有助于增强个体抵抗外部压力的能力，使个体能够始终保持或保有一种良好与健全的心态去面对外部世界。故幸福于个体来说具有精神治疗的意义，此与快乐感受对于个体来说本质上是一种心身消耗式的心理感受不同。

通过以上可以看到，幸福是一种弥漫于个体全身心的心理体验与精神体验，而非是像快乐那样仅仅属于当下感觉刺激的生物机能的本能性反应。幸福不仅给个体身心带来极大的愉悦，而且还给个体心灵造成精神上的震撼，属于一种内包有文明涵养的深度生命体验。由于体验之深刻，这种幸福体验最终会在个体的人格生命上打上烙印，以其精神力量的方式支配个体的生命活动。故而，个体只有经受过幸福的精神洗礼，其人格才得以健全生成与最后完成。从这种意义上说，幸福之于个体具有"让人成其为人"的内在价值。

要使幸福这一内在价值得以体现，则意味着对幸福的追求要超越快乐。这除了是因为不能将快乐等同于幸福这一原因之外，最主要原因恐怕还在于:快乐虽然也可以作为人生的目标之一去追求,但其对于人的个体生命来说,毕竟属于外在价值。这种外在价值不妨碍甚至有助于幸福的实现,但它充其量只是成就幸福的手段而非幸福本身。假如离开了人的精神性存在以及生命的幸福审美体验,则个体的快乐无法上升为幸福;甚至弄得不好,会戕害幸福。这就是为什么亚里士多德要将幸福与快乐加以分别的原因。他认为:"幸福就是一种合乎德性的灵魂的现实活动,其他一切或者是它的必然附属品,或者是为它本性所具有的手段和运用。"① 而"人离开了德性,将是最肮脏、最残暴、最坏的纵欲者和贪婪者"。② 因此说,幸福具有任何快乐所无法取代的内在价值。一个人可以没有快乐,但不可以不幸福;一个人即使终生快乐,也顶不上个体在生命的某个时段甚至某个时刻体验到的真切幸福。从这点上说,追求幸福就是追求个体生命的完成,它要求我们作为个体生命为实现幸福而超越快乐。

二、以美益智

然而,幸福对于个体除了体现了个体生命的"本然存在",具有其不可代替的内在价值之外,还具有其外在价值。这里所谓外在价值对于个体而言。人作为个体的生命存在,是以人格方式确立的。换言之,有人格则有个体生命,无人格则无个体生命,而仅成为其他非人的个别事物。那么,人格之定义究竟如何?对于幸福而言,人格主要是以审美方式存在的,也即幸福人格即是一种审美性的人格。然而,人作为个体存在除了是审美人格之外,还具有审美之外的其他属性,这些属性与审美一起参与到个体人格之形成当中,成为健全的人格之不可缺的要素。在这些非审美的要素中,包括认知人格、道德人格以及超越人格,它们共同构成个体的人格之整体。而在这健全人格的构成

---

① 亚里士多德:《尼各马科伦理学》,中国人民大学出版社,2003 年,第 16 页。
② 苗力田:《古希腊哲学》,中国人民大学出版社,1989 年,第 586 页。

过程中,幸福人格以审美的方式参与了这些人格的构成。故从健全人格之塑造与形成来看,幸福具有其重要的外在价值。那么,幸福人格究竟是如何在这些人格形成过程中起作用的呢?

首先,幸福之审美有助于个体认知人格之形成。认知是个体与外部打交道的最重要方式之一,而审美体验与审美机制在其中发挥着其他人格机能所不可替代的作用。其原因在于:对于外部世界的认识,并非像极端的感觉论者所认为的那样,认知只是一项单独通过感觉器官接收外部信息,然后由大脑神经将这些信息加工处理,并进行归纳的简单程序性的理性认知活动。相反,现代认知学的研究证明,哪怕再简单的人类认知行为,都是一种需要心灵的多种机能共同参与和配合的心智活动,而且,心灵的其他机能的参与配合程度愈高,则其认知的水平与程度也愈高,而当人在处于审美的幸福状态中时,心灵的各种机能都得以激发和处于活跃状态。故这种将认知与审美打成一片,或将认知活动审美化的心理机制,实在是提高人的认知水平与认知效果的最佳方法之一。这是我们在日常生活中可以观察到的事实。比如说,儿童在游戏活动中结合审美活动来学习知识,比起其单纯运用智力来掌握知识,其效果要好得多。这对成年人来说,也是如此。假如我们对某种事物从心里感兴趣,有一种审美式的冲动的时候,这会有助于我们去更好地理解与认识事物。这就是为什么我们看到这样的现象:科学家的天才发明,常常包含一种审美的直觉,往往与其审美的兴趣联系在一起。总而言之,任何认知行为都需要审美人格的参与,有审美参与的认知活动中,人的认知水平会得到极大提高,其对于外部世界的了解也会愈加丰富与真实。

不仅如此,人类对世界的认知,往往是一种对于世界之"图像"的认识。也就是说,世界究竟是什么?世界本身不会说话告诉我们;它是通过人去与世界打交道以后,世界所给予我们的印象,个体将这些印象进行理性加工以后,便会产生各种认知的图像。由于认知主体的经验世界的方式不同,认知主体所获得的关于世界的认知图像也就不同。而在如何组织经验世界图像的方式过程中,我们发现:人的审美经验或审美体验在其中发挥着重要作用。也就是说,人对于世界之经验的认知,在很大程度上是受主体的审美经验与审美心理所制约与影响的。这就是为什么像爱因斯坦这样的大科学家,都会用具有审美意味的简明数学式来对其科学理论进行概括与表达,这其实是基于这样一种审美的经验,即宇宙之美丽遵照简明性原理。或者说,简明性原理是一种美的表达。

从这个角度也可以理解,为什么许多伟大的科学发现与科学理论的猜想,都会从美学的图形或图案中获得灵感。其原因在于:在科学研究过程中,科学家对于其所研究对象的理解会有一种存在性感悟;但这种对于认知对象的存在性感悟,平时只处于个体心理的无意识层面,往往需要人的审美活动将其从这种无意识层面中唤醒,并将其融入于科学的认知研究当中。这方面,德国化学家凯库勒对苯的"环状结构"的发现是一个出色的例子。

审美经验除了参与现象世界的经验认识以及自然规律的理论构成活动之外,恐怕其最重要的认知价值,是对宇宙终极实在或者说"本体"的认识。按照康德的说法,人的知性能力只能达到现象界的知识,对于本体世界,我们无法通过知性去把握。因此,康德希图通过作为实践理性的道德实践来达到对宇宙本体的认识。其实,人除了从道德实践层面来对宇宙本体加以把握之外,审美活动同样是一条到达对宇宙本体之认识的最重要的途径。因为审美与人的幸福感相联系,正是在审美以及由之而体验到的幸福感,个体才会对物我同体、天人合一这种宇宙之存在真相有切实的感受与体验,并且予以确证与体证。而这种宇宙之最高存在状态,仅通过个体的感觉经验以及理论思辨是无法达到的。由此看来,审美的认知不仅仅是经验的认知,而且是对超验世界的认知。

三、以美彰善

幸福人格除了有助于个体认知水平的提高之外,在个体道德人格的形成过程中也发挥着极其重要的作用。这在前面论述审美与道德人格的关系时也已指出。这里要补充的是对审美在道德人格形成过程中机制的说明。这其实也是康德《批判力批判》一书的点题之笔之一。此书中,康德从审美的角度对人的道德能力的形成进行了论述,这就是他将人的道德行为的动力归之于"崇高":人的道德行为从审美的意义上来说,属于"崇高";而对"崇高"的向往,有可能引导人去追随道德。但在我看来,审美之所以有助于人类的道德的提升,除了道德可从崇高美的角度加以讨论之外,就其实践意义来说,主要还在于:审美是一种自由与自愿的活动,并且出于人的追求幸福的本性,而道德也只有上升到这个角度,才可以说是一种符合人性的可欲的道德。从这种意义上说,审美具有化美为善,以美彰善的功能。

所谓化美为善,是说人们之欣赏美与喜欢美丽,是因为美符合人的本性,人通过审美可以体验到心灵的幸福。而人之所以体验到幸福,也即通过审美可以感受到天人合一的宇宙存在状态,并且希望与外物合一;而这点,也正是人的道德之核心——爱的秘密所在。换言之,就泛爱万物以及体现人类的爱心而言,道德与审美是一致的。正是这种一致,使审美与道德有了沟通的可能。换言之,审美不仅不排斥道德,而且是实现与体现道德的极佳方式。因为对于个体之追求幸福来说,审美活动本身就是一种道德行为,或者说,人正是通过审美,才对泛爱万物这种道德良知有了真切的感受,并且由于体验到追求这种道德境界所获得的幸福,从而愿意去践行。

从这种意义上说,从审美的角度对道德加以透视,有助于对道德理论的重新认识。因为按照以往的道德理论,道德要么是机动论的,要么是义务论的。但无论出于机动也好,出于义务的承担也好,其道德与其说与个体的幸福联系在一起,不如说是与个体的道德良心或道德责任联系在一起。就是说,它或者基于良心的自愿原则(我愿意如此),或者基于责任的自觉原则(我意识到我应当如此)。而与审美相联系的道德,则主要不是基于自愿原则与自觉原则,而是基于快乐原则(我欲求如此)。而只有基于快乐原则的道德,才是一种符合人之本性的道德,也才可以解决康德所说的"德福一致如何可能"的道德难题。

由于审美的道德符合人的追求幸福的本性,因此,审美就不仅仅是审美,而且成为一种最有效的实践道德与提升道德能力的活动,此也即"以美彰善"。纵观人类有史以来的道德教育方式,其通常要么强调道德良心的自觉或反省,要么提倡道德的认知学习与道德行为的模仿,却鲜有将其与个体之幸福联系起来。其实,假如对个体之幸福具有真切体验的话,则个体自然而然地会了解到爱的意义与价值,而这种对爱的体验与价值肯定也就是道德。这种爱的能力一旦以个体的自发自为的审美活动加以呈现,它就彰显为道德。从这种意义上说,审美不仅仅是实践道德的方法与途径,而且体现爱的审美活动本身便成为道德,此也即中国哲学所讲的"功夫即本体","即本体即工夫":在审美的实践过程中,人的道德行为与审美活动达到了同一。也正是如此,我们发现培养与增进人的道德能力的最好途径与方式,就是将审美活动与道德践履打成一片的人文教化活动。通过培植人的审美能力与审美情感,人的道德能力也会在这种审美教育中通过潜移默化的方式不知不觉地养成。这也是当年蔡元培为什么大力提倡"以美育代宗教"之原因。

四、以美养神

然而,审美于个体的最重要功能性价值,莫过于以美养神了。前述的"以美益智"也罢,"以美彰善"也罢,虽然都体现了审美于人的价值,但这些价值毕竟对于审美来说不是最主要的,或者说,假如没有审美,人类的这些能力与价值(如认知能力与道德能力)也可以通过其他的方式与活动来加以完成,故审美对于这些人类的价值完成来说,是补充性与增益性的。而唯有一种人类的价值,也是最重要的价值,是不能通过审美来完成的,而且是人类的其他活动所无法胜任或难以完成的,这就是"成人"的价值。

所谓"成人",就是"成为你自己"。在古希腊时代,哲人们就开始将"认识你自己"作为哲学思考的目标,而认识你自己,是为了成就你自己,即人只有在认识了你是什么之后,才可以去完成与成就自己。然而,认识自己,并非是那么容易的问题。也正因为如此,我们发现:关于人是什么,会有各种各样的定义,其中每一种定义,都体现了对于人应当是什么这个问题的答案,而答案一旦给出,具有思维能动性与实践能动性的人又会按照这个定义来要求或完成他自己。但我们发现:在这数目众多的答案中,很难有一种是完全能满足人自身的需要、符合人的本性,并且能引导人去追随和加以完成的。就是说,这些关于人是什么的答案,多半是从历史性的、定在的人,或者就人的某一方面的本性而言的,而难以作为一种理念能够被个体的人从心灵中加以接受并且体验到的。而唯有将人定义为精神性的存在,才可以满足人的追求幸福的愿望。所谓精神性的存在,是说人首先是作为精神而存在的,然后才是其他。说人是精神性的存在然后才是其他,是说人假如没有精神性的存在,则永远只会停留在生物性的存活水平,而与自然界其他动物与生物无异。从这点上说,精神性构成人之所以为人的本质。

然而,何为人的精神性?何以人的精神性须通过审美方式才得以完成?

人的精神性体现为人的精神生活的方方面面,而其中最根本的,或者说作为"成人"的精神性,意味着超越:对人的有限性的超越,对人的生物性生存的超越,以及对人的种种世俗功利性生存的超越。但我们每个个体从一出生开始,就生活于世俗的世界里,因此,所谓超越,是指要在世俗生活与现实世界中进行超越,这对于生存在世俗生活中的个体来说,委实不是一件容易的事情。这里,追求超越的个体必然会面临如下的困境:

首先,我们每个人从出生来到人世间开始,就面对的是一个"染"而非"净"的世界,并要与之打交道。而正是在这种与"染"而非"净"的世界打交道的过程中,我们自己难免会不知不觉地,甚至说"潜移默化"地感染了世俗社会中的一些不良习惯或行为。这是因为人在很大程度上是"环境的动物",要生活于世俗世界中的个体完全避免外部世界带给我们的影响,几乎是不可能。这也就是古人所说的"近朱者赤,近墨者黑"①以及"蓬生麻中,不扶自直;白沙在泥,与之俱黑"②的道理。

其次,退一步说,即使我们的个体神经足够坚强,可以抵挡与抗拒外来不良习惯的影响,而能保持自己心灵的高洁,但这不意味着我们就可以逃脱这种"生存性困扰"。因为追求高洁的心灵往往对于世间之丑恶与不良现象更为敏感。这时候,当我们发现世间之"名利客"对世俗名利孜孜以求,甚至为了获得这些名利满足而不择手段,乃至于损人利己,于是,人与人之间为了追逐世俗名利而被卷入种种利害的是非之地。这时候,对于一些已摆脱世俗名利之纠缠的人来说,即使他无心于名利,却也会受到这些世俗是非之干扰,或者说想保持自身之高洁却反倒会屡屡遭到尘世俗物的干扰与陷害。在这种情况下,个体往往会面临着一种生存性的危机与选择,即如何适应与应对世俗各种不良甚至丑陋事物的干扰的问题。这也就是哈姆雷特式的"活,还是不活"的两难抉择。这种时候,唯有审美,能够为我们个体的精神性

---

① 晋·傅玄:《太子少傅箴》。
② 《荀子·劝学》。

存在提供应对与摆脱这种生存困境的出路。就是说,一个人只有以审美的方式完成与成就自己,那么,无论世间生活如何地艰难甚至险恶,如何地丑陋甚至污秽,这些都无妨碍,因为他由于对美的追求与向往,由于具备审美的情怀与理想,并且找到了由审美而通达幸福的途径,从而,他就可以做到像古人所说的那样"出污泥而不染"。而在人的种种精神性追求中,只有审美,也唯有审美,才给人以这种超越世俗种种活法的精神与力量,故而,由审美而体验到的幸福既属于个体的精神性事件,同时其个体人格的完成也受赐予这种审美感受与审美体验。换言之,个体只有体验过由审美而来的幸福,才能领略到人的精神性之伟大与价值。而个体也正是由于具备了这种精神性的伟大人格与力量,才得以超越其纯粹生物性的生存需要的限制,而同时具有了超越环境,不受环境随意摆布的自由。从这点上说,一个人的真正的精神人格的完成,是经由审美的洗礼,体验到精神性的幸福才得以完成的。

第四章 痛苦与超越

对幸福的考察,最后必然将问题转入对痛苦的研究。这是因为幸福是通过痛苦才得以彰显的。这不只是说假如人生不经历过痛苦,则难以体验或感受真正的幸福,而是说假如世间没有痛苦,也就无所谓幸福。即言之,人们之所以会去追求幸福,常常是有感于生命之痛苦,并且试图要避免痛苦。痛苦与幸福一样,皆是每个个体人必须面对的一种宿命。只不过对于人的生命存在来说,幸福显示或彰显为正面或肯定的价值,痛苦则是人的生命试图要避免或消减的负面价值。既然如此,我们要问:痛苦究竟如何形成?它的根源何在?它与幸福是何种关系?文明的发展究竟减少还是导致了人类的痛苦?人生既然无法彻底摆脱痛苦,那么,个体生命该如何面对痛苦?……

第一节 个体的生存性痛苦

痛苦一方面是作为幸福的对立面而存在的。假如不经历过痛苦,人们常常不知道什么才是幸福。而且人们往往都希望只享受幸福而避免痛苦。但另一方面,痛苦却又是幸福的孪生姐妹。就是说,假如我们不去追求幸福的时候,可能感受不到痛苦;正因为我们要刻意去寻求幸福,结果却遭遇到痛苦。

那么,为什么人不追求幸福,不会感到痛苦;去追求幸福,反倒会遭遇痛苦呢？这除了本书第一章讲到的人是有限性的存在物，人在追求幸福的过程中会体会到幸福的二重性悖论之外，更重要的是人作为有限的存在物，本身就处于一个"痛苦"的世界之中。因此，从本真的意义上，痛苦不是由于我们去追求幸福才产生的，而是因为去追求幸福，才发现或者说知道了什么是痛苦。因此，柏拉图有"洞穴之喻"：人知道他自己生活在黑暗之中，是因为他透过明亮的光线来看待周围世界和他自身的结果；假如没有光线，人自己根本发现不了他自己原来处于黑暗之洞穴之中。个体对幸福的追求不一定能获得他想要的幸福；但有一种事实是通过追求幸福，他终于知道了痛苦。于是，让我们借助于幸福这只眼睛，来对人世间的痛苦作一番透视吧。

一、回到"肉身"

人在追求幸福的过程中遭遇的痛苦本质上是形而上的痛苦。这种痛苦之产生源自于一个无法改变的事实：他有"肉身"。

前面，我们在谈到幸福的时候，曾提出幸福是人与世界的共在关系，幸福体验属于人的个体性精神事件；并且还指出幸福是个体对"一即一切，一切即一"的世界之审美体验。这说明一切幸福都是对个体的人来说的，或者说，幸福是指个体人感受与体验到的幸福。离开了个体，幸福也无从谈起。

然而，什么是个体？当我们说人是以个体的方式与世界打交道的时候，这话是什么意思？通常，我们以为个体就是个别的人，或者说是以"单个"形式出现的人罢。所谓

"单个"的人,其意思是说每一个人都是单个的存在,是不同于其他个体的独立存在者,是个体的"单个性"将我们每个个体生命与其他个体生命区分开来。这话没错,但它除了告诉我们人是"单个存在的"个体之外,并没有告诉我们人作为"个体"究竟意味着什么。

其实,人作为个体,"单个"地存在并非其主要特征。假如将单个存在作为人之个体的主要特征的话,那么,世间其他一切单个存在的东西,也都是"个体"。这样的话,也就无所谓作为个体的人与其他单个存在的事物之区别了。

人作为个体,主要并非因为它是单个地存在着;这是世界上一切以个体形式存在的东西都具有的标志。人作为个体不同于其他单个地存在的个体事物,是人能意识到他作为个体与其他个体,包括作为事物的个体与作为他人的个体的区别到底在哪里。这就是他知道他有"肉身"。否则,他就不是作为个体存在的"他"自己。从这种意义上说,动物没有肉身,只有躯体。躯体是动物被动地适应自然的产物。虽然各种动物的躯体都是自然界长期进化的结果,具有很好的对于自然环境的适应性,但作为躯体,动物之躯体终究逃脱不了自然的限制,即它缺乏"精神"。由于缺乏精神,其躯体的活动就始终被其生物性或生理性的盲目本能冲动所支配。从这种意义上说,即使某些动物有较为发达的脑细胞及脑神经活动,但这些脑细胞及脑神经活动还是作为动物整个躯体的一部分,只是被动地服从自然界的因果律。以狮子这样凶猛的草原动物为例,哪怕它作为"百兽之王"再怎么强大,却也只会饿了就觅食,吃饱了就睡,这一切行为都由其生理性的本能所决定。也就是说,狮王对于它如何要吃、要睡根本没有思维的反思,这一切生理机能适应自然的行为也就缺乏精神的导引,始终没有进化到肉身的水平。

唯人不同,说人有肉身,不是说他有不同于像狮子或其他动物那样的作为身体的形体,而是说他对于他自己的"肉身"具有意识;不仅如此,他还知道肉身是他的生命的一个重要组成。而人一旦有了这种对于肉身的意识与认识,那么,反过来,他就会为如何保存与延续其肉身生命而作思考与努力。人的这种保存与延续肉身的行为与其他动物保存躯体的本能行为不同,其他动物的脑神经与脑细胞活动本来与躯体就是联结在一起的。也就是说,动物的脑神经与脑细胞活动还没有从躯体中独立与分化出来,因此,也就无所谓如何保存与延续躯体的思考活动。故自觉保存与延续肉体的活动是对有思维意识活动的人来说的。人的保存与延续肉身的活动,首先表现为对于肉身的自我意识。而当人对于其肉身有了自我意识之后,就会千方百计地思考如何去保存与延续他作为"个体"之肉身。而人的保存与延续个体之肉身的最基本的活动,称之为人的"个体化"。这里,"个体化"同样是人的精神性活动,即他对如何作为个体的人的一种自我意识。由于作为个体的人的最基本的特征是占有一定的空间,并且个体之存在表现为这特定个体在时间中的绵延,因此,所谓个体化最重要的意识就是自我存在的时空意识。自我的时空意识对于个体人的重要性在于:

首先,自我的空间意识使我们意识到个体存在的空间统一性。假如没有这种自我空间意识,则人不知道他自己是一个"个体"。也就是说,正是由于有空间意识,我才会知道我的脚不是另一个人的脚,我的头脑不是另一个人的头脑。因为我们每个人的身体,包括身体的各个器官都占有如此不同于其他人的身体与器官所占有的空间,所以我才会是一个特定的、不同于其他个体的个体。而当"我"思考问题或者想象事情的时候,我知道我是作为"我"这个人在思考和想象问题,而不是作为另一个人在思考和想象。反过来说,假如没有占据一定空间的统一之个体肉身,即使有人的大脑在思考与想象,但我们无法判断它是属于哪一个个体的思想与想象。因此,是自我的空间意识使个体的肉身统一性成为了可能。

其次,时间观念使我们意识到个体存在的连续性。肉身的统一性必然形成时间观念。肉身不仅具有外感知，能够通过其身体的外感觉器官捕捉外部世界的各种信息和感知周围环境的变化，而且还具有内感知。这其中的一种内感知，是可以感知和分辨前后相续的各种感觉印象与信息，并且将这先后不同的感觉印象与信息储藏在大脑神经的"记忆"里。正是由于人的大脑中有了这些储存的记忆，并且对之进行思维加工与整理，个体才会知道他从外部感觉得来的各种信息以及他的各种内心活动都是"属于"他自己的，而不是其他人的。也就是说，通过作为个体的"我"的内感知对连续性的感知，我知道昨天的我的行为与思想，和今天的我的行为与思想，都是发生在作为同一个个体的"我"的身上。反过来说，假如没有对肉身的时间连续性感知，那么，我无法判断昨天之我的活动与思想，与作为今天之存在的我的活动与思想究竟是否属于同一个人。故而，是时间观念使我们每个人的行为与思想作为个体人的行为与思想成为可能。

但自我的空间意识与时间观念的产生仅仅是人之个体化迈出的第一步。个体的人的出现，还意味着人的肉身化。假如说时空观念的出现只是人意识到他作为个体存在的统一性与延续性，并且个体生命要为保存与延续这种个体的统一性与连续性存在而活下去的话，那么，肉身化则是人意识到他不仅仅是占据特定时空的个体，而且这个占据着特定时空的统一个体是属于他自己的，也仅仅是他自己的，而不属于其他任何个体。因此说，肉体化才标志着作为主体的个体"我"之出现。假如没有经过肉体化，则"我"对于我之不同于其他个体的区别点到底在哪里，还没有明确的意识。而一旦肉体化之后，我才知道我的肉体是属于我自己的，而不会是属于其他的个体。因此，所谓"肉身化"，其实是人在确立了他作为肉身之主体之后，个体人的最基本的也是最根源性的"本体冲动"与活动，即如何去保持、延续并完善与强化它的肉身。假如说个体化是地球上许多其他动物也具有的本能的话，那么，肉体化才是人之为人不同于其他动物的真正区别所在，即人千方百计地为肉身的存活而努力,并且在为肉身的存活的思维与意识方面远远超出了任何其他生物与动物。有无肉体化,也成为个体的人与其他动物的根本分水岭之一。

从这种意义上说,肉身化或者说肉身的出现才是人的个体化精神的完成。所谓个体化的精神,是说个体人的"精神"其实是寓于个体人的"肉身"之中的。或者说,假如没有作为肉身的个体人的存在,也就无所谓作为个体的人的精神。因为离开了具体的、以肉身方式存在的个体存在,所谓人的精神只是抽象的精神,这种精神不是作为具体存在的个体人的精神。这样看来,肉身对于个体的人来说就不仅仅是生物学或生理学意义的,而具有存在论的意义,属于人之精神所由发生与活动之"本体"。这种本体,不是哲学形而上学意义上的本体,而是指:人只有经过肉身化,出现了肉体之后,谈论个体的人的精神才有意义;而假如说幸福是指个体的幸福而言,那么,这种幸福也是针对具有肉身的个体人来说,才有其意义。即使我们可以离开具有肉身的人来谈论幸福,那也是对具有肉身的个体人的幸福的抽象,它应当是可以体现与普及于所有具体存在的个体人的幸福,而并非说世间真有一种可以脱离了任何个体之肉身的幸福。从这种意义上说,幸福感也只是具有肉身的个体的幸福感,幸福感只有依附于个体的肉身才有意义,否则只是学理的抽象而不成为现象界的真实。

但是,人的这一肉身化过程对于人之追求幸福却带来双重性的后果:一方面,肉身化使个体的幸福有了寓居之所,个体的幸福才成为实实在在的个体的幸福。但另一方面,由于肉身化之后,个体人不仅有了"属于"他自己的肉身,而且也有了"属于"他自己的精神。也就是说,肉身与精神对于人之个体来说是共集于一身的:个体假如不经过肉身化,则它还没有"成形"为人;而假如这个肉身没有属于它的精神,则它也还不"成为"其人。因为在这种情况下,这肉身就只是一具缺少了精神的躯壳,而与其他动物之有其外形上的躯体无异。

于是,下面我们看到,正是由于人之肉身的这种两重性质,使个体的人身上出现了幸福的生存性悖论。这种生存性悖论与人的肉身结伴而来,并使个体在追求幸福过程中会遭遇痛苦。

二、外缘性痛苦

个体人在追求幸福之过程中,首先会遭遇到外缘性痛苦。所谓外缘性痛苦,是指由于外部环境与外部条件之限制所加诸之个体的痛苦。外缘性痛苦之所以会产生,是因为人之个体既是其肉身与精神合一之存在,而人为了实现他的个体幸福,必须要为如何保存与延续他之肉身作出种种努力与奋斗。但在这种为肉身之存活的过程中,他却遭遇到来自于外部环境的种种限制,这些限制会给个体人的生命带来种种痛苦。

1. 为肉身之基本存活而遭遇的痛苦

如前所述,人作为肉身之存在首先是以个体化的方式存在的。这种个体化方式不仅将他与自然界其他物种区别开来,同时也将他与社会上其他成员区分开来。可是,就是他为这种个体化存在而作的生存努力中,个体人会遇到来自于周围环境的种种限制与外力对抗。他由于无法克服这些限制与对抗,这会给个体心理带来极大痛苦。这当中包括:(1)自然条件与自然环境之限制加诸于个体的痛苦。比如说,生、老、病、死是每个个体人都要遭遇到的痛苦与生存劫难。(2)社会环境与人为限制给个体带来的痛苦。这就是人作为群居动物与社会动物,其个体的生存在很大程度上已不是与自然环境的搏斗,而是如何适应人的社会性生存这一问题。这种社会性生存给个体人带来的心理压力,要远超于其作为自然人的生存所遇到的心理压力与痛苦。比如说,我们每个人出生后从刚懂事开始,就要开始学习如何在社会中生存的种种技能,并为这诸多生存技能的掌握而经受各种训练,为此而不得不放弃个体本来可以享受的种种生活舒适与快乐;长大进入社会之后，我们每个人又都要为诸如择业、职业培训、婚姻、工作升迁等一系列为基本生存所必要的事情去奔波与努力，而这些奔波与努力并非都能尽如人意，其中还可能遇到重大的挫折。只要我们每个人的肉身生命还没有终结，那么，这种为个体性生存的生命存活所作的努力就不会终结，而人生事"不顺利者十之八九"，为这种个体之基本存活而遭遇的痛苦也就伴随着我们的生命而不会终结。

2. 为肉身之完美存活而遭遇的痛苦

其实，人作为肉身之存在，其遭遇的痛苦更多地，或主要的还不是由如何实现其肉身之基本存活这个问题所引起，而是由他想使其肉身能够更完美地存活所导致的。应当说，人希望其肉身能更好、更完美地存活，而非仅仅停留于低度地维持基本生存的水平，这是个体的人的本能与天性，也是追求个体幸福的人的出于本能的需求。因为人的肉身的美好地存活本身就是个体追求幸福的重要内容。很难设想，一个正常的个体会反对其肉身感受到的快乐。从人的幸福感的获得来看，不仅肉身的快乐本身就构成个体幸福的重要内容，而且其精神性的幸福常常是与肉身的快乐联系在一起的。从这点上说，追求肉体的快乐与幸福，如同追求肉身的基本需要的满足一样，都是个体幸福的不可或缺的内容。然而，一旦人将追求肉身的完美性存活作为其追求的幸福目标之后，可以发现个体遭遇的痛苦要远甚于其追求肉体之基本生存所遭遇的痛苦。这是因为，何为肉身的完美存活，是一个历史的、发展着的观念。不同文明时代的个体，其肉身之完美存活的尺度不一，而且，伴随着人类文明与历史的发展，人对于肉身完美地存活的标准不仅没有降低，反倒会提出愈来愈高的要求，以至于超出当时人类社会生产与技术能力所能提供的水平。这意味着在任何历史条件下，个体的人追求肉身之完美生存的愿望总无法得到满足。但这种追求肉身之完美存活的意愿是内在于个体之追求幸福的本能需要，由于此本能需要无法得到满足，因此，个体人总会感受到痛苦。退一步言之,即使人类社会已具备了为个体的肉体完美存活所需要的能力与条件,但任何个体肉体由于其客观生存条件与境遇的限制,却总无法同时拥有与享受此社会能够提供给他的肉身完美存活的一切条件与方便,这样的话,只要他不放弃对这一追求完美肉体存活的愿意,则他就无法幸福,而只会感受到完美肉体之无法实现之痛苦。而且,一个人追求肉体之完美存活的要求愈强烈,则他愈会感受与体验到这种本能愿望难以实现的痛苦。

3. 个体面临的与他人以及社会之冲突而来的痛苦

无论是为肉身之基本存活也罢,为追求肉身之完美存活也罢,个体人在这种追求肉身之生存中,不得不面临着一系列个体与他人,以及与社会的冲突。这是因为个体是作为社会人而生活于人类社会中的,而人类社会哪怕再美好,都会遇到个人与他人的肉身之生存的竞争这一基本事实。或者说,个体人的肉体之生存需要之满足,其实是通过人与人之间的竞争来实现的。而由于人类满足肉体需要的物质与文化资料的匮乏性(在任何历史时期都存在),个体与个体之间为争取肉身之存活的竞争总会存在。而个体之追求肉身之存活的愿望与意志愈强烈,则他感受到的与他人和社会的这种竞争也就愈激烈。而作为个体的人追求肉身之愿望与意志总不会磨灭,故个体与个体以及社会之冲突所带来的痛苦也总不会消灭。虽然追求肉身之存活是人的本能需要,但竞争的结果无论胜败与否,这种竞争本身却不会给他带来快乐,而只会使他感受痛苦。

三、内缘性痛苦

人在追求幸福过程中不仅遭遇到外部条件与环境之限制所产生的痛苦,还会感受到来自于个体生命内部之冲突与对抗而产生的痛苦,此谓之内缘性痛苦。内缘性痛苦之出现来自于这么一个事实,即人的肉身是一个充满矛盾与张力的结构,人的心理会由于这种来自于个体内部的冲突与紧张之无法消除而感受痛苦。

1. 自身快乐相冲突的痛苦

人之肉身是由各种身体机能器官与感觉器官结合组成的统一体。在这个统一体中,各种身体机能与感觉器官虽然共同配合,使个体作为一个统一的肉身感受外部世界并且得以体验幸福,但肉体既然由各个不同的机能器官与感觉器官组成,这些不同的身体器官皆有其各自不同的快乐需要,彼此之间就难免会发生冲突。假如说在维持个体的基本生存的生理性活动中,这些机能器官之间大体上还能彼此相安无事的话,那么,当肉体开始不满足于其基本生存需要,而要求肉体之完美生存之满足时,这些不同的身体机能器官之间就会发生龃龉,彼此间会为了自身的完美而不再配合甚至发生争执。而当个体追求完美生存的冲动与活动愈强烈,这些冲突与对立也就愈为明显。这表现在不同身体机能的快乐与满足彼此的不相容甚至相互拒斥。举例来说,抽烟与大量喝酒可能对人的某些神经产生刺激作用,从而使这部分神经获得快感,但这种由烟酒嗜好获得的快感却是以对身体其他机能器官的伤害,例如肠胃的伤害作为代价的。又比如说,吸毒可能会使大脑神经产生梦幻,使个体精神处于一种强烈的兴奋状态,但其对人的其他器官,包括脑神经本身的伤害却是极其严重的。这说明肉体不同机能在参与个体追求快乐或享受快乐的过程中,不同的机能有各自不同的快感需要;某一种机能的快感之出现与获得,常常会以丧失其他一些机能的快感作为条件或代价。职是之故,个体想追求一种能全身心都带来极大满足的快乐,往往并不可得。日常生活中所谓感觉器官获得的快乐或满足,只是某一身体机能或感觉器官所获得的快乐与满足。

2. 肉身快乐之无法持久的痛苦

肉身在追求幸福过程中遭遇到的更明显的冲突与矛盾,是肉身在获得快乐之后,紧随其后的常常是此种快乐的感觉的麻木甚至丧失。

我们发现个体当初次接触某种能引起快乐或快感的东西的刺激时,其快乐的感受是强烈的,而当再次或以后多次接触这个东西时,其快乐感受的强度就逐渐降低,甚至于最后还可能消失。这说明从肉体感觉器官接受来的快乐刺激之强度具有随感觉与体验次数之增多而递减的性质。但不断追求完美享受与极大快乐体验又是肉体的本能,其结果是:肉体愈是追求极大的快感,这种快感就愈难以持续;肉体快乐愈是容易获得,此种快乐也就愈容易消失。这样,肉体就总会处于快乐之过度消费与快乐之无法持续而带来的心理煎熬与痛苦之中。还有,肉身之快乐遭遇的更为严重的一个事实是:任何肉体快乐的享受,都是以"获取"作为前提条件的。但我们发现:假如当这些想要"获取"的东西出现了"剩余",真个到了连肉体本身都无法消费掉的情况的时候,肉体面对这些"剩余"感受到的就不再是幸福而是痛苦。这种痛苦属于"无聊"的痛苦。所谓无聊,是说个体已经感到无事可干了,不知道该作什么事情了。真正的无聊包括对快乐与幸福之事的无兴趣或无聊。无聊之所以产生,是因为肉体想要的快乐,包括实现肉体快乐的时间与物质条件,他都应有尽有了;不仅应有尽有,而且他对这些快乐都已尝试过,并且是多次反复地尝试过,再也提不起他的兴趣了。可见,无聊或对快乐事物失去了兴趣,实在是个体遍及一切肉身快乐之后会面临的问题。这种因无聊而导致对快乐或幸福丧失兴趣的痛苦,其难受之程度要远甚于欲追求肉体之快乐而未能达的痛苦。

3. 追求肉身快乐与追求精神幸福发生冲突之痛苦

人作为同时具有肉身与精神的动物,虽然其肉身感受的某些快乐不会与其精神性的幸福相冲突,甚至还可能会增加个体的精神幸福,但终极地看,个体的肉体的快乐却与其精神的幸福处于对立之中。这是因为肉体的生存需要的满足遵循"快乐原则"。所谓快乐原则,就是肉体的感觉官能的满足。比方说,人想吃美味,假如满足了他的肠胃的需要与口味的需要,则他会有口腹满足之快乐。又比如,一个人衣着华美,不仅是用来御寒,而且是为了满足他追求肉身完美生存的需要(此种完美生存属于文化学意义上的完美生存,故已具有精神幸福的含义),但我们发现这样一个社会学上的事实:个体追求肉身之完美生存或许原本是出于追求个体完美幸福的考虑,但到头来,这种肉身完美生存的追求及其结果,常常却会背离其初衷,离完美幸福的要求愈来愈远。这主要还不是说他无法追求到肉体的完美幸福,而是说他的对肉身的完美生存的追求,是不得不以放弃或远离精神幸福为代价的。而一个人对于肉身的完美存活的要求尺度愈高,甚至于离肉身之完美存活的目标愈近,反倒会离精神幸福的目标愈远。这是因为人并非是活在上帝建造的"伊甸园"里,个体的肉体完美存活须他付出时间与精力去为其创造条件。换言之,为达到肉身之完美生存的种种物质的与其他方面的条件,是必须通过个体的努力去争取,甚至与他人的竞争之后才能获得的。而这些条件的满足或手段的经营将花费如许之多的时间与精力,以至于当个体获得了这些条件之后,他却再也无时间与精力去感受或体验这些条件与环境所能提供的肉身完美。这也就是通常人们所说的"手段成为目标",或者工具与目标之间的背离。纵观我们每个人的一生,大都是在为这种肉身的完美生存创造与准备条件,而放弃了享受与体验肉身幸福的机会。而问题的根本症结还在于:即使我们已经具有了享受肉身快乐的环境与条件,就是说我们只须去享受肉身的快乐,而无须为这些肉身快乐的条件操心,但当我们果真去享受这些肉体之快乐时,我们发现个体的人却无法感受与体验到真正的幸福。这不仅是说肉身的快乐无法代替个体的精神的幸福,而且是说当我们沉溺于这些肉体的快乐之中的时候,我们已无法再去享受那些不同于肉身快乐的精神性的快乐与幸福。这是因为肉体只有一个,我们作为肉体,怎么可能在享受或体验肉体的快乐的同时,又去享受或体验那超出肉体快乐的精神幸福呢?假如可以的话,那已经是将肉体的快乐转换为精神性的快乐与幸福,而非纯粹意义上的精神幸福。这也是老子有见于这两者之间的紧张,为什么要区分"为学"与"为道",并提出"为学日益,为道日损;损之又损,以至于无为"的道理。人由于无法在享受肉身之快乐与获得精神性幸福之间找到其平衡点而导致的个体心理紧张与痛苦,不仅出现在个体生活中的某一时段,而且会贯穿于个体生命的一生。而且,一个人对精神幸福的追求与向往愈甚,他感觉或体验到的这种肉身之快乐与精神之幸福无法共存于肉身的矛盾与紧张也愈甚。

四、幸福的悖论

以上是我们透过具有肉身之个体所展现出来的个体人遭遇到的痛苦。无论这些痛苦如何多种多样,它们都是通过个体之肉身之体验呈现出来的痛苦,它属于个体作为具体存在者所遭遇的痛苦,也即具有肉身统一性与连续性的个体之痛苦,而非抽象的或可以脱离个体之存在的痛苦。也就是说,人只要有肉身,就必有这些痛苦。或者说,它们是个体人在其生命过程中必然会经历到的痛苦。

但再仔细分析,我们发现这些痛苦其实又与个体对幸福的追求有关。或者说,它们是个体在追求幸福过程中才会遭遇的痛苦。也就是说,假如个体不去追求幸福,或许就不会感受到这些痛苦。或者说,即使感受到痛苦,它们也不会成为个体精神上的痛苦。个体之痛苦,不仅产生于个体之追求幸福之过程中,而且是由于个体既有肉身同时又有精神才会产生痛苦。比如说,肉身假如没有精神的话,那么,肉身也不会产生与幸福相对应的痛苦观念。它顶多会形成躯体遭受不良刺激的疼痛反应。而这就并非是精神意义上的痛苦,而只是肉身的不适与疼痛。这种肉身的不适或疼痛,是科学家和医学专家为何要从物理、化学或生理上对人的身体遭受的"疼痛"加以研究或治疗的原因。这也就是说,假如离开了可以感受幸福的精神,则肉体无所谓痛苦,有的只是身体之疼痛而已。又比如说,人由于追求肉身之完美存活不达会引起痛苦。但这种肉身之完美的观念属于个体对幸福的精神性理解,假如个体中没有能思考与感受肉身完美存在的精神性概念的话,个体也不会因此肉体完美存活之不达而产生精神性的痛苦;在这种情况下,它多半是会像其他动物那样"随遇而安"而放弃了对肉体完美存活的想象,从而也就不会产生痛苦。再比如说,假如个体生命中没有形而上学的企盼与冲动,个体生命也就不会希图要去追求与体验那种形上之境幸福,也就不会遭受因这种形上探索之未达或由之而引发的"形而上学危机"所感受到的痛苦。总之,个体生命中一切痛苦之产生,都源于这样一个事实:个体生命不仅有肉体,而且有精神。而个体之肉身与精神之冲突,才是个体人的一切痛苦产生的最终根源。

个体的肉身与精神之间的冲突,从人之本体生存论意义上看,其实也就是人的有限性与无限性的冲突。人作为肉身的存在,其存在是有限性的,所谓人的有限性,是指肉体存在的人活在世上,总会有种种的限制,比如说,生、老、病的限制,社会条件对人的肉身的束缚的限制。而人作为有限性的最大特征,就是人终有一死。这也是任何自然物种都无逃于外的自然界的铁律。然而,人又是具有无限性的动物。所谓人的无限性,指的是人的精神有突破自然律以及人的自然条件限制的能力。即以幸福而论,人虽然是有限性的个体,却要去追求那超出了自然限制的完满幸福,这意味着人的精神可以突破作为肉身的有限性的人的限制,去追求那精神的自由。然而,当个体的人当真试图去追求他那精神上向往的幸福的时候,他发现:他对幸福的追求最后不得不走到了这一步,即他可能会对幸福,甚至于对他的个体存在之意义表示怀疑。他的脑海中会生发出这样一连串的疑问:1. 幸福真的存在吗?假如它存在,它到底在哪里?假如它不存在,那么,它为什么不存在? 2. 我是谁?我从何处来,又到何处去? 3. 我为什么要去追求幸福?我能够追求到幸福吗?假如无法追求到幸福,这是为什么?假如我能够获得幸福,这对我来说,又意味着什么?……总之,如此一系列的问题,已超出了如何去追求幸福这个问题,而直面存在本身。然而,对存在与作为存在者的肉身作存在性思考,又是由个体想要去追求幸福这一冲动所引起的,假如个体不试图去追求幸福,则他无此问题。因此,对存在问题的思考又源自于幸福问题本身。

由对幸福的追求,反倒会引起对幸福的怀疑,并且可能导致虚无念头的出现。这种由追求幸福开始,而导致对幸福的反思,并由之而引发幸福以及终极存在问题无法解答的痛苦,属于一种形而上的痛苦。它已超出了肉身追求幸福过程中会遭遇到的,或者想去追求幸福而遭受到的种种条件限制的痛苦,终于使个体陷入了"幸福的悖论"。

所谓幸福的悖论是:个体以追求幸福始,最后却以怀疑甚至放弃幸福而告终。这种幸福的悖论,其实也是个体生存的悖论,只不过它通过个体对幸福的追求而得以彰显罢了。个体生存的悖论揭示了个体生命悲剧性存在的缘由,反过来,个体生存的悲剧性存在通过幸福的悖论得以呈现。这种幸福的悖度以如下方式内在并呈现于个体生命之中。

1. 个体生命的有限性与无限性之冲突导致的悖论。此又谓之个体生命的"生存论悖论"。像上面所讲的肉体在追求幸福过程中所遭遇到的一系列冲突与痛苦,其实就源于个体生命的这种内在本性与矛盾,它揭示的是个体生命不得不如此地存活的生存状态。

2. 个体在追求幸福的过程中,当他以审美的眼光来观察世界时,却发现世界并非总是美的;相反,世界上不少事物却表现出丑的形态,甚至是恶的。而个体对幸福的追求愈执著,其审美的尺度愈高,他所发现的世界中的丑与恶的现象也愈多。故而,世界之丑恶现象其实与个体对美与善之期盼为反比。由于此种悖论是在对世界作审美观照时产生的,它揭示了世界与宇宙中"一与一切"之间的对抗与冲突,故可称之为宇宙与世界之"本体性悖论"。

3. 个体之所以会采取审美的方式去观照世界,这说明个体作为肉身不是像其他动物那样仅仅被动地适应与接纳外部世界,而是要将世界审美化。人的这一审美冲动将他之肉身与其他动物的躯体区别开来,说明肉体对于世界来说是一"有情的存在者",因此,它要与世界结成一种审美的关系。然而,肉体毕竟又以自然物之躯体的方式存在,它有着像其他动物那样的生物性本能冲动。而且,为了能保持这生物体的存活,它对世界来说又是一种"无情物",就像其他动物与自然界的关系那样,与外部世界打交道的方式是利用、征服与控制。这样,个体作为审美之有情物,与作为自然生物之无情物,其实是共集于人之肉身的。此者,可名之为个体生命的"觉解性悖论"。所谓觉解性悖论,是指个体意识到他具有审美力且能对世界作审美观照,是不同于其他动物的存在者;然而,他又意识到在对世界的审美观照中,他始终无法从根本上摆脱他那来自于自然的生物性限制,而这种内在于个体生命之中的有情与无情的冲突,是他通过反思才认识到的。假如人不觉悟或不觉解的话,则他无此冲突。觉解愈深,则此冲突也愈甚。

说到这里,我们可以作出这样的结论:虽然人作为个体都有追求幸福的本能冲动,甚至可以说,通过审美观照去追求幸福是人之为人的本性,然而,人一旦去追求幸福,其最终反倒体验到痛苦。这种痛苦还不是由于追求不到幸福而产生的痛苦(见本书第1章第4节),而是一种与幸福结伴而来的形而上的痛苦。这才是一种精神存在意义上的痛苦。假如说追求幸福是人的一种"使命"而不能放弃的话,那么,对这种精神性痛苦的承担,也就成为个体的一种宿命,它将伴随着追求幸福的人之一生,除非是他放弃追求幸福。

第二节 文明的进步及其限制

一、文明对于个体幸福之意义

迄今为止,我们在讨论个体对幸福的追求这一问题时,还是将个体限制于个体的精神与肉体方面,这种纯粹的精神与肉体虽然是个体的,但却还不是真正现实化了的个体。其实,人的个体不仅是个体的内在生命机能的自我发育与完成,而且,这种生命的发育与自我完成,还是在具体的历史时空与社会环境中形成与完成的。换言之,人作为个体并非是可以孤立于历史与社会的存在物,而是在人类这一"共同体"中生成。从这种意义上说,人作为个体虽然是个体,但这一个体却是人类历史与文化的产儿。人的个体的这种历史与社会性,是人作为个体与其他动物之个体发育的不同所在。换言之,人这一个体不仅在人类历史中获得了它的发育,而且将人类的历史性与社会性带入到其个体性中,从而现实中的个体的人,已不仅仅是作为自然存在物或生物存在物那样的个体,而是一种历史与文化的个体。个体对人的这种历史性与文化性会具有部分的自我意识,而更多地是未曾意识到的。人之历史性与文化性已扎根于个体的深层或无意识结构,决定并制约着个体与世界的关系,并且也决定与制约着其与世界的幸福共在关系。

从这种意义上说,个体对幸福的追求,其实是作为历史与社会存在的个体在具体的历史时空中对幸福的追求。这种历史与社会存在对于个体幸福之积极意义在于:

(1)文明的发展给个体幸福增添了内容,使之丰富多彩。在宇宙进化的谱系中,人处于最高层,人与其他动物的区别也表现在诸多方面。这其中,人类对幸福的追求是其与其他动物区别开来的重要分水岭之一。就是说,动物只有感觉器官的满足,而人类则有意识地追求幸福,并且给感觉器官的满足也注入了精神的内容,从而,人类将其感觉器官的满足也转化为幸福,而非仅仅是肉体的生理性满足。而人类追求的这种幸福内容与幸福体验,是由人类文明塑造的。或者说,没有人类文明,也就无所谓人的幸福,人也就会永远停留于追求肉体的生理性满足的水平。人类文明对个体的幸福内容的改造与增添表现在:首先,将纯粹生理性的满足转化为具有精神性,并且体现精神性的幸福体验。比如说,本来仅是为了满足生理欲望与延续后代这一生理性本能的两性行为,在人类文明社会中,它已经成为"恋爱"与"婚姻"。而个体之所以恋爱以及与爱人结成婚姻关系,其内容不仅有社会性,而且有精神性。正因为如此,个体在恋爱与婚姻中体验到的幸福感,就远非动物在交媾行为中感受的生理性满足所可比拟。也正因为如此,人类的恋爱与婚姻行为,其内容与形式,也远比其他动物的雌雄相吸与交媾行为复杂得多。又比如,人类的饮食习惯、衣着装扮可谓形形色色与千差万别,这主要不是为了解决饥渴与御寒蔽体的需要,而是出于一种审美的需要。也因此之故,人类创造与发明了各种各样的美食与华服,而其对饮食与服饰的审美眼光也五花八门,在这方面的审美体验也显得异常地多姿多彩。其次,人类不满足于在现有的自然界中寻找审美对象与体验审美幸福,甚至也不满足于将自然界的东西进行加工与改造,以使其更适合人类的审美要求,人类还创造与制作了大量的艺术品,以及种种的仪式、社交活动,以及制作了各种各样的符号与符号行为,以满足其审美的需要。可以说,迄今为止,人类的审美体验更多地是来源于这些人工制作的审美对象物,而非停留于对自然物作简单的审美观照。

(2)文明塑造了新的人性,使人类的幸福审美体验显得细腻入微。其实,人与动物在审美方面的差别除了表现在能够创作出自然界没有的审美对象物之外,更重要的还在于人在审美的鉴赏与体验方面,与其他动物具有质的差别。自然界中的某些动物也会表现出对美的东西感兴趣,甚至会用美来装点与"修饰"自己,如"孔雀开屏"之类。但唯有人,除了其审美是超出功利之外的审美鉴赏之外,还在于他是按照他自己的审美趣味与尺度来衡量审美对象的。而他的这种审美趣味与尺度,与其说由他的自然的或纯粹出乎本能的先天肉体机能所决定,不如说,是由他后天的环境,包括他的教养所决定的。比如说,人对水墨画的鉴赏,能够区别出"墨之五色",这五色不是指墨之颜色深浅(虽然表现为深浅不同的墨色),即不是从墨之物理属性着眼,而是由其对如何运用墨来表现自然界之不同色彩的东西这一文化学以及中国画的用墨技法所决定的。假如不是对中国画的用墨技法有所了解,对于黑之如何可以分作五色也就无从理解。又比如说,对于古董的审美鉴赏,主要不是因为其外形或造型之美(虽然有联系),而是因为它寄托或体现了某些历史人文与美学鉴赏的理念,才使其成为审美的对象。而人要能理解并对这些表现历史人文内容的艺术古董能够欣赏,与作为审美主体的人的人文修养与艺术鉴赏力有着密切联系。对于幸福的理解来说也是如此,随着人类文明的进步与发展,人类的幸福追求愈来愈容纳有更多的精神方面的内容。而人的精神性审美及对精神性幸福的追求,又取决于人的审美精神力的提升与完善。而后者则依托社会物质水平的不断提高与人类文明的不断进步,也包括社会人文环境的改善与人类道德水平的提高。从这种意义上说,是人类的文明生活改变了人的审美趣味与审美精神力,从而也为人的幸福体验不仅拓展其广度,而且显示其深度。

(3)个体追求幸福有了更多的闲暇与时间。人对于幸福的追求不仅有其对象物,而且需要自由支配的时间。虽然说人对幸福的追求未必非在闲暇时间中完成,但闲暇时间的有无与多少,毕竟是衡量个体能否获得幸福的重要指标之一。或者说,闲暇是个体追求幸福的重要前提条件之一。很难想象,假如一个人一天到晚都在为基本生存需要的满足而奔忙,他会是幸福的。也很难想象,假如一个社会的整体生活水平仍然处于十分低下的水平,其成员需要花费大量时间去解决基本温饱问题,否则就有挨饿受冻的可能,在这种社会物质条件下,社会大多数成员会去追求幸福。原因无他:幸福的追求,尤其是作为审美的幸福的追求,其实是需要时间的。这种时间,不只是其为谋生而付出的时间,而是指他享受或体验幸福的时间。前一种时间属于为幸福创造物质与客观条件所不得不花费的时间,后者是追求幸福与体验幸福的时间。当一个人不仅仅为幸福创造条件与环境,而且能有充分的闲暇来追求并且享受某种幸福的时候,个体的幸福才成为实实在在的幸福。而随着人类历史的发展与文明的进展,人类社会能够为社会成员提供愈来愈多的闲暇,则社会中的个体追求与享受实实在在的幸福也就愈来愈成为可能。

二、文明的异化

以上,我们是从人类文明的进步能够为个体之追求与实现幸福提供条件这个角度来谈幸福,说明个体幸福的追求有赖于人类文明的进步。然而,人类文明的进步其实是一柄"双刃剑":它一方面为个体之争取与实现幸福提供了条件与环境,并且还塑造或提升了人的审美精神力,但另一方面,却也为个体之追求幸福设置了障碍;甚至在某种情况下,人类文明的发展还剥夺了个体的幸福。此何以言之?

这里涉及到对文明的本质的认识。我们上面提到:个体的幸福有赖于一个社会给他提供物质的、文化的,乃至于闲暇的条件,但我们发现人类社会的这些能为幸福创造与提供条件的获得,其实是支付了极其重大的代价的。这种代价,不是说社会上这些幸福条件的获得必须由人去完成,而去创造这些幸福条件的个体由于从事这些劳动而无法享受幸福,而是说人类文明的出现不仅改变了人类追求幸福的内容,而且改变了人自身。前面,我们看到文明的进步为个体追求幸福提供了有利的环境与条件,拓展了人的审美空间,丰富与提升了人的审美精神力,但这只是人类文明与个体幸福的关系的一个方面。人类文明虽然为个体之追求幸福作出了这方面的贡献,但是,在另一方面,它同时又带来一种新的生产方式与生活方式,这种方式改变了人类关于幸福的观念。而后者,对于人类追求幸福的活动影响深远。

人类文明出现的标志性事件之一,是社会分工的出现。在人类社会的早期——原始社会的情况下,社会成员没有分工,那是因为人类征服与控制自然界的能力与水平极其微弱,因此不得不集体去从事捕鱼与狩猎,让所有氏族成员在同一时间里都去从事同一种劳动。后来,人类发现劳动的分工有助于提高生产力,于是出现了简单的分工:强壮男人出外打猎,留下妇女、儿童与老人在集体营地做一些简单的后勤与管理之类的事情。由于分工有助于提高人类的劳动生产率,到了后来,人类社会的分工愈来愈普遍与精细,可以说,整个文明社会就是奠基在社会分工的基础上,并且按照劳动分工的形式组织起来的。当分工成为社会组织的一种普遍形式之后,人类的活动方式出现了极其重要的转变,这种变化与个体追求幸福的活动有密切关联。

人类文明的分工首先表现为时间的分工,即社会上大多数的生命时间被一分为二,划分为劳动时间与闲暇时间。所谓劳动时间,是每个社会成员为了获得基本生存的满足或者为谋取达到幸福之条件与手段所花费的时间。所谓闲暇时间则是可以用来追求与享受幸福的时间。但我们说,所谓幸福,按照其原初含义,应当是个体的一种自由审美活动,它不应当是被限制于闲暇或业余时间才能进行的。但当时间的分工成为人类文明的一种常态,而且人类社会之文明不得不建立在这种时间分工的基础之上的时候,时间的分工就成为个体追求幸福的一种限制,即社会上大多数人的生命并不能用于来追求与实现幸福,而仅仅是用于为幸福的实现创造条件。因此,个体生命在时间上的分工,使个体在有生之年中,其能够感受与体验幸福的时间大大地打了折扣。

人类社会的分工不止体现在劳动时间与闲暇时间的分离,主要还体现在劳动的分工。所谓劳动的分工,是指社会组织将某些劳动或工作分配给某些社会成员,而将另一些劳动或工作分配给另一些社会成员。但我们知道,个体的幸福感是伴随着个体的肉身的各个机能与感觉器官的参与才实现的。假如肉身的各种机能与各种感觉器官的自由参与程度愈高,则个体能体验到的幸福感就愈多,其能获得的幸福量也就愈大。而不同劳动分工的结果,却将一些肉身机能与感觉器官的活动分配给一些人,将另一些肉身机能与感觉器官的活动分配给另一些人,这样,需要个体的全身心之自由参与的幸福活动,就被割裂开来。更严重的是由于个体体验幸福的类型不同,有的个体在从事某些身体的机能活动方面能体验到幸福,而从事其他机能活动未必能体验幸福;而另一些人则从事另一些身体机能活动能享受到幸福,从事这一些机能活动则无法体验幸福。但社会的劳动分工却不是按照人们的幸福类型来分配,而是根据个体的劳动能力,更多的情况下是按照个体的其他条件,甚至于由个体所处的社会环境与社会地位来决定。这样的话,劳动或工作对于人来说仅仅成为谋生需要而不得不支付的体力或脑力代价,他不仅在劳动或工作中无法体验到幸福,而且久而久之,还会剥夺其运用身体机能来感受与体验幸福的能力。即他会认为,幸福的体验完

全同主体的机能无关,而纯粹由外在的事物所决定。这也就是为什么自有劳动分工以来,人们只能在闲暇时才有权利去追求幸福,而且会以在外部世界中"逐物"的方式来寻找幸福。

除追求幸福的方式发生变化之外,社会分工还改变了幸福的内容,即幸福与财富的联系愈来愈显得紧密。在人类文明史上,我们看到随着劳动分工组织的日益扩大化与精密化,社会生产力空前提高,社会财富也得到极大的积累。与之同时,财富也日益向两极分化。其造成的后果是:少数富人掌握了大量财富,并且有了充裕的闲暇时间去寻求快乐与享受,而社会上大多数人不得不为了满足基本生存而工作,于是,对幸福的追求就逐渐成为享有财富与空闲时间的少数富人的事情,而与社会上大多数人无缘。即使社会上大多数劳动群众可以在劳动之余或工作之余去寻找幸福,但那只是为了恢复劳动能力而进行的娱乐或休息,而非真正意义上的享受幸福。于是,幸福也就只与少数富人以及财富结缘。其导致的后果是:人们为了追求幸福,须先去追求财富。这样,原本可能有利于幸福,或作为追求幸福之手段与工具的财富就成为幸福之目的。于是,在人类文明史上,不仅屡屡出现幸福之工具与幸福之目标相背离的现象,甚至由于争夺财富而酿成的悲剧也一再地上演。

劳动时间与闲暇时间的分离,以及幸福与财富结下不解之缘,其导致的不良结果是幸福观念的转变。这就是社会上,无论是穷人还是富人,都将幸福理解为快乐,或者说是以快乐代替了幸福。快乐是感觉器官的暂时满足,而要使肉体的感觉器官的感觉享受得到满足,只有借助于娱乐。娱乐是刺激感觉器官的,而且对感觉器官的刺激是强烈的,但是,除了能给感觉器官带有极大刺激之外,它没有其他更多的内容。娱乐的好处是:对于穷人或普通劳动者来说,它可以较快地使因劳动而消耗的劳动能力得以恢复,从而为劳动力的自我再生产创造了条件;而对于有钱人或无须工作的富人来说,它提供了消磨时间的方式,以免使生活变成无聊而难以忍受。这种以娱乐代替幸福的方式不仅说明人们对于幸福的观念转变了,而且使个体生命对幸福的感受与体验流于肤浅。

然而,人类文明的进展,包括与之相随的科技发展所带来的一个极其严重的后果,是人们对幸福的看法从本质上发生了改变。这里所谓对幸福的看法从本质上改变,还不是以上所说的以娱乐代替幸福,或者幸福与财富结合,以及劳动的异化等等关于幸福观念理解的改变,而是说幸福的意义已经彻底发生了变化。如果说,原初的建立在审美意义上的幸福属于一种个体的精神性事件,是个体生命对"一即一切,一切即一"的世界存在方式之感悟与体验的话,那么,随着人类文明的进展以及科学作为一种意识形态的出现与强化,人们看待世界的方式,包括审美方式也发生了根本性变化,即世界,包括审美世界不再是以天人合一的方式呈现,而是一个主客二分、本体与现象二分的世界。这样一来,人与世界的共生关系不再是天人合一的关系,而成为物我对立、人我对立,自然与人对立的世界。于是,对幸福的理解,也就从与世界万物合一转变为征服世界与征服万物。这表现在:人们的审美意识与审美体验也发生了根本变化,原本以优美与壮美作为审美体验的古典世界,一变而成为以崇尚征服、暴力、扩张、夸饰为美的现代世界。于是,与审美相联系的幸福也退隐了,要获得幸福,往往意味着征服、扩张、冲突与斗争。于是,为了追求幸福,人类文明史上充斥着暴力与掠夺,以及对自然界的无穷榨取与破坏。这种对于幸福之本性的理解不仅彻底改变了人们追求幸福的内容与方法,而且反过来有从根本上摧毁人类文明自身的危险。

三、现代文明的发展及其限制

应当说,以上人类文明给人类幸福带来的负面影响与破坏作用,自有文明以来,就伴随着人类的历史。故人类对幸福的追求一方面享受着文明之赐,另一方面也深受文明之累。文明对于人类之追求幸福来说,实兼有积极与消极之意义,并且这两者彼此常常难以分离。那么,究竟如何协调好人类文明与幸福的关系呢?应当说,人类文明的发展是一个历史的过程,而人类对于幸福的追求与理解也有其历史的内容,并且受到人类历史发展与社会条件的限制。假如说,当人类文明发展之初,或者当人类文明的进展尚不能为个体人提供实现幸福的各种物质的以及精神文化的诸种条件的时候,人类文明的当务之急或首要任务,是大力地发展社会生产力以及增加社会财富,以为社会成员之追求幸福创造满足其幸福的物质条件与文化产品,在这种情况下,人类文明的发展不得不以对个体幸福的追求加以限制作为代价的话,那么,当人类文明发展到今天,人类社会积累的物质财富已经空前地增加,人类创造的精神文化产品也空前地丰富。在这种情况下,人类文明面临的主要问题,应当不再是如何最大限制地追求社会财富的增加,甚至也不是拼命地追求社会生产力的发展,而是如何加强人类精神文化的创造,提高人类对于幸福追求的品位,发展个体追求幸福的精神能力,在这种情况下,如何既不减少社会财富,同时又大力发展个体的精神能力,实在是当今人类文明发展必须面对的重大问题。在这方面,历史给我们提供的经验教训是:人类文明发展到今天,文明给人类幸福带来的不良后果,已远远大于其给人类幸福提供的福祉。就是说,人类文明经过数千年的发展,其物质财富以及科技手段已有极大发展,足以为人类享受幸福提供物质的与时间的保证,然而,其给人类幸福带来的恶果与危害,却也于今为烈。因此,人类文明发展至今天,有必要对文明的"乐观主义"持一种"审慎"的态度,对现代文明如何扭曲人类幸福的现象加以深切的反省。

迄今为止,人类文明都是建立在物质消费以及快乐论的社会幸福指标之上,其种种社会建制及社会文明都是围绕这一中轴原理而确立的。这一趋势,在消费主义与物质主义来临的后现代社会,其导致的结果是出现了"文明的悖论",即本是以促进个体幸福之实现的人类文明及其社会结构、社会环境,却成为人类追求幸福的限制。此处的"文明的悖论"不同于前面所说的"幸福的悖论"。如果说幸福的悖论是基于个体人之生存困境而有其不得不然,是个体人在追求幸福中难以摆脱的宿命,它揭示了人的悲剧性存在之本质的话,那么,文明的悖论则属于人类历史中的偶在状态,而非与个体人之实存状况有着必然关联。相反,这种文明的悖论导致个体之追求幸福在方向上的偏离,故它从本性上说与个体之幸福是对立的。发展至当代,文明的悖论使个体人之追求幸福出现如下三种对立:

1. 快乐与幸福之对立

本来,作为"文明的悖论",人类文明如同个体肉身之存在一样,天然地就会出现以快乐代替幸福这一种倾向。这一方面是由于人生来就有追求快乐的天性,另一方面也是因为劳动需付出沉重的体力或脑力消耗,以致不得不在工作之外的时间以娱乐或快乐的方式来恢复体力与脑力的机能,以便个体的劳动力不会一次性地被消耗掉。从这方面来说,快乐与幸福的分离总与人类文明的历史相伴随,这也是人类为文明的发展所不得不支付的代价。然而,人类文明发展至今天,以快乐代幸福的步伐却没有减缓其节奏,反倒有变本加厉之势。这是因为,人类经过工业文明之后,发展到今天的信息的时代,一方面社会财富空前地积累,而且各种可用于人们消费的商品层出不穷。而当社会财富已不仅仅是为了满足人们的基本生存的需要,而是为了满足甚至鼓励人们更多更快地消费的时候,如何利用与打发劳动之外的时间,就成为社会上人们所关心的重要问题,也成为资本市场格外关心的问题。换言之,商品需要市场,而到了后工业社会,当基本的物质需求不再能推动商品的市场消费时,如何鼓励人们扩大消费就成为资本流通与商品经济面临的主要问题。这时候,为了商品经济的发展,市场经济不得不制造与创造出一个可以无限地满足商品消费的市场,这就是人们的业余时间的消费。因此,到了后工业时代,当为满足人类基本物质需求的商品出现过剩之后,商品社会会将主要的精力用于如何开发与利用人们的闲暇时间,在这方面,提倡快乐的享受成为拓展资本市场的一条"捷径"。就是说,只要鼓励人们在业余时间拼命地消费,那么,商品就会源源不断地被卖出,从而也就会带动社会经济的发展。而为了鼓励人们拼命的消费,以满足感官机能的享受的快乐消费就在商品广告中大行其道,并且引领时尚。可以看到,后工业社会之后,充斥广播、电视及各种大众传播媒体的广告,无不是教人如何去追求物质性的消费与享受感官刺激带来的快乐。可见,在后工业时代,以快乐代幸福以及快乐论的幸福观之盛行,实在与资本需要流通,以及商品经济需要不断寻找市场有密切的关系。

　　除了出自资本流通之需要以及商品经济的本性之外,以快乐取代幸福,还同社会上人们的生活方式以及相伴而来的价值观发生了变化有关。进入后工业社会之后,由于社会生产力的极大提高,以往难以获得的生活资料愈来愈容易获得,而且用于满足人们基本需要之外的其他消费品的数量与品种也愈来愈多,这时候,在过去被认为属于稀缺资源的一些精神文化产品由于其容易获得而不再像以往那样被人们所珍惜。相反,人们认为既然这些精神文化产品也像其他一些物质生活资料那样地容易生产,甚至可以批量地生产,因此,获得与享受这些精神文化产品也不再像以往那样地容易引起新奇与珍惜。一句话,正因为精神文化产品的丰富与其流通的便利,使人们对这些精神产品不再珍惜。这就好比是因为太容易吃到美味佳肴以后,人们对这些美味佳肴已不再稀罕一样。相反,人们需要的是求新、求变。一句话,人们愈来愈追求的是感官刺激的新奇与新鲜,而非像以往那样的精神生活的深度体验。这就是在后工业社会盛行的后现代主义文化。贝尔谈到近现代社会文化及其世界观念的转变时说:"十九世纪下半叶,维持秩序井然的世界竟成了一种妄想。在人们对外界进行重新感觉和认识的过程中,突然发现只有运动和变迁是唯一的现实。审美观念的性质也发生了激烈而迅速的改变。如果从美学角度提问,现代人与古希腊人的情感经验有何不同?答案一定与人类的基本情感(例如不分长幼,人所共有的友谊、爱情、恐惧、残忍、放肆等)无关,而与运动和高度的时空错位有关。"①如果说诞生于19世纪下半叶的现代主义文化是这一世界观念变化的反映的话,那么,到了20世纪60年代以后,作为现代主义的后继者的后现代主义则大步走到了社会文化的前台,而且支配着整个社会大众的价值观念。在这种情况下,以追求极度的感觉刺激的快感的消费文化成为社会大众文化的主流。社会上流行的是无深度、无中心的平面式的快乐消遣。一句话,以往以追求幸福为目的的生活信念已被及时行乐的"享乐主义"所代替,而享乐主义的特点就是以追求感觉刺激的快乐来代替个体对幸福的内在生命体验。

2. 精英幸福趣味与大众幸福趣味之对立

在现当代社会,"文明的悖论"还表现为精英幸福趣味与大众幸福趣味的对立。在前现代社会,社会生活是一个整体。尽管在社会文化上有着"小传统"与"大传统"的区分,但在关于幸福的理解上,人们的看法大体上还是一致的,即认为不能将快乐完全等同于幸福,幸福应当具有超越于纯粹快乐的精神生活的含义。但近代以降,尤其是当消费主义与享乐主义在社会文化上取得其主流地位之后,传统意义上的关于幸福的理解终于"一分为二",即社会大众文化完全被消费主义与享乐主义所支配,将单纯的享受快乐视之为幸福;而少数仍然坚持幸福之理想主义的人士则退居于"象牙之塔",他们在与社会大众文化完全脱离的情况下仍然坚持其对于幸福的超验理解,但由于这种幸福观无法得到社会大众的承认,更无法被社会主流文化所吸纳,因此而流为少数人的"自弹自唱",于是,仍然追求传统意义上的幸福观的少数

---

① 贝尔:《资本主义文化矛盾》,北京:三联书店,1989年,第94页。

人在"沙龙"式的清谈或趣味中体验他们的幸福,而社会大多数人则在消费文化中享受快乐。从而,社会文化分化为两个各自不相干的群体,即提倡精英趣味的幸福团体与追求享乐主义的社会大众。在这种情况下,本来作为个体之精神生活之追求的幸福已不在社会大多数成员中发生作用,而且消失于社会文化之视野当中,甚至也引不起社会学家的重视,而仅仅作为少数人所爱好的"精神古董"而被珍藏。社会上流行的种种关于幸福的理解与讨论,无不是在物质充裕的现代生活中如何更好地享受其物质文化。

当然,在任何社会与历史条件下,个体的精神生命都不可能消失。即使在物质文化非常充裕的情况下,物质的享乐主义也不能完全替代个体对精神生命的体验。在这种情况下,既然大众消费文化无法完全满足个体对于精神生命的追求与体验,于是,一种在大众消费主义占据主流的情况下的新事物出现了,这就是人们对于种种"神秘文化"现象的兴趣。人类历史上,神秘文化曾一直伴随着社会生活而不曾消失。而越是远久,神秘文化也越是繁盛。在远古时代,它还是支配原始人类社会生活的主流精神生活方式,并且成为远古人类享受幸福的源泉。这就是我们看到:远古人类的种种幸福生活现象,诸如婚娶、农业丰收,乃至于种种节日庆典,无不以神秘文化的种种符号化文化活动得以进行。正是在这种载歌载舞、超验神灵与人间日常活动合一的活动中,人们享受到幸福,并且接受了精神上的洗礼。近代以降,随着科学技术的发达,以及理性主义文化的抬头,神秘文化逐渐退出社会文化生活的主流,人们开始在现世的物质主义中寻找幸福。然而,当人们发现物质主义无法完全满足个体对于精神生活的向往之后,神秘文化这一古老的文化现象又一次突然地进入到现当代人们的视野。不同于远古的神秘文化的方面在于:它已不可能再像以往那样取得社会文化的主流地位,而只是以边缘文化的身份在少数人当中流行;而更多的情况下,是当社会大众对主流的消费文化暂时感到"厌倦"的时候,它会突然间在社会大众中引起某种"轰动"的效应,就像突然间从天外有某种奇迹降临,给大众久已"厌倦"的流行文化提供了某种意外刺激与惊喜似的。从这种意义上说,神秘文化在现当代的出现与重生获得社会大众的注意,并不说明神秘文化在社会文化中的真正生根,而只是作为人们对社会大众文化之暂时感到"厌倦"而寻觅的"替代品"而已,就像一个人感到精神生活之"空虚",突然想起了要尝试某种"麻醉品"甚至"毒品"一样。因此,神秘文化之在现代生活中的突然流行,也往往是来也匆匆,去也匆匆,其踪迹既无法把握,其影响也远非远古或传统社会中那样强烈。

3. 幸福体验的私人性与公共性之对立

在现当代社会,文明的悖论还导致另一种对于社会之存在来说具有杀害力的意外后果,即幸福体验从私人性走向封闭性。如前所说,幸福属于个体的精神性事件,它具有私人性的一面;然而,与个体体验的私人性相伴随的,是幸福又具有社会的共享性与公共性。换言之,幸福体验不仅仅只属于个体,而且为社会共同体所接纳。这就是为什么真正的幸福应当是私人性与公共性的统一,或者说"独乐"与"众乐"的统一。然而,在现当代,由于社会大众对幸福的理解日益被享受快乐所代替,幸福在社会公共生活中已经退隐。在这种情况下,侈谈幸福的公共性无异于"缘木求鱼",或者意味着以快乐来取代幸福。于是,个体幸福的体验容易患上"自闭症",只成为少数人的孤芳自赏而已。不仅仅如此,由于幸福只成为少数"文化精英"在"沙龙"中的自我陶醉与欣赏,它很容易与社会主流文化以及大众文化产生一种对抗的情绪,即这少数个体以"精神贵族"自居,或者对当下的流行文化不屑一顾,或者对之攻击不遗余力。总之,"精英文化"与"大众趣味"的不可调和,不仅是当代社会文化面临的必然命运,也使传统意义的幸福观念走入了死胡同。在这种情况下,一些既想坚持传统幸福理念,而又不愿意自外于社会生活主流的个体往往陷于幸福的两难困境,而最后的结局,要么是放弃追求幸福的理想而趋向"媚俗",要么是执著于传统的幸福理念而甘于自我放逐于社会文化的边缘。总之,个体幸福体验的私人性与幸福的共同参与性难以兼得,成为现当代社会成员普遍面对的两难境遇。

总之,当人类文明发展到现当代,个体追求幸福的愿望与社会生活的现实已经发生了严重的冲突与对立。由于此种冲突由人类的文明所引起,它可以称之为幸福的"文明悖论"。人类文明发展至今,此种文明的悖论已有从根本上使个体幸福在现代文明体系中趋于瓦解与异化的危险。然而,应当指出,这一文明的悖论并不自今日起。自从人类文明诞生以来,它就伴随着人类文明的发展而发展,只不过"于今为烈"而已。也正因为如此,从很早时候开始,人类各大宗教与文化传统就开始了对如何医治人类"文明病"的思考。它们提出的问题足以让人警醒,其提供的方案也给人以启迪。但是,古圣前贤们开出的医治"文明的悖论"的药方在今日果真有效么?在本书一开篇,我们就提到过若干种宗教的"先知预言",它们都与文明与幸福这个问题有关。现在,站在前人的肩膀上,我们再来回溯一下,前人们对这个问题的思考,究竟还能给我们什么启迪。

第三节 痛苦的化解与超越

一、路在何方?

在很早时候,中国的道家对"文明"可能给人类幸福造成的戕害就有足够清醒的认识。作为对治人类幸福之沉沦与变质的最直接的本能式反应,老庄提出"返璞归真论",以挽救人类的幸福。其思想的逻辑起点是:既然幸福的退隐是文明所导致的,因此,只要让文明退回到其原始的世界中去,人类就会重新享受到曾经拥有过的幸福。这种幸福,老子称之为"朴"。他说:"为天下谷,常德乃足,复归于朴。"①老子对人类文明的批判是鞭辟入里的,他说:"大道废,有仁义;智慧出,有大伪;六亲不和,有孝慈;国家昏乱,有忠臣。"②他还认为,幸福存在于道中,而道与人类的文明与知识是成反比的:"为学日益,为道日损。损之又损,以至于无为。"③

然而,老子指出的这条摈弃人类文明的道路,真的是一条可以使人类重获幸福的康庄大道吗?否。老子对文明危害幸福的恶果的确洞悉底里,然而,他对文明带给人类幸福的好处却视而不见。他想象不到的是:假如人类真的摈弃了文明,返回到远古的"茹毛饮血"的原始人时代,那时候,人类固然没有了文明加诸于幸福的危害,但却同时也放弃了文明给幸福的惠泽。相比之下,究竟是文明带给人类的福祉更大呢?还是文明给人类带来的恶更多?征之于人类的历史与社会生活的常识,相信大多数人还是会得出这样的结论:文明给人类带来的幸福,要远大于其给人类制造的灾难。假如这样的话,看来,生活于现代的人们,假如只能两者择一的话,还是宁可在享受现代文明之惠的情况下,而忍受其给人类带来的恶。

与老子要彻底摈弃文明的看法不同,佛教对人类文明的看法要圆融得多,并对之采取了较为宽容的态度与做法。它认为人类文明既无恶,亦无善,它只是人类不得不面对的"业"。换言之,现实的人间世界就是一个"业"的世界,其间充满了种种的恶,也有种种的善。最重要的是:业是无可逃避的,它就是人间世;假如要否定"业",也就是否定人间生活。因此,对于佛教来说,所谓幸福,就是一个如何在人世间追求与实现幸福的问题。这方面,佛教不同宗派的看法尽管会有差别,却有其大同者在,这就是认为,人应当摈弃世间的肉身幸福而去追求

---

① 《老子·第二十章》。
② 《老子·第十八章》。
③ 《老子·第四十八章》。

精神性幸福。对于大乘佛教来说,人世间之业与人之追求精神性幸福是不矛盾的,甚至于是成佛的必要条件。所以它有"我不下地狱,谁下地狱"这一提法;而六祖慧能更是提出"自性迷,佛即众生;自性悟,众生即是佛"。① 故对于像禅宗式的佛教来说,幸福不在外部世界如何,而在个体的心究竟如何,假如个体有一颗追求幸福的执著的心,那么,西天的极乐世界就在眼前:"若欲修行,在家亦得,不由在寺。在寺不修,如西方心恶之人;在家若修,如东方人修善。但愿自家修清净,即是西方。"②

应当说,大乘佛教,尤其是禅宗试图调和幸福与人类文明的冲突,认为即使人类文明为一种"业障",个体仍然可以在这世间之"业"中实现他的幸福。对于禅宗来说,这种幸福是一种精神性的幸福。不同于老庄的方面在于:老庄视世间之业为实现幸福的障碍,而禅宗则将世间之业视之为实现幸福之环境与条件。然而,认为世俗之享受与快乐与幸福在本性上是对立的,禅宗与老庄的看法并无二致。因此,按照禅宗的说法,真正的幸福仍然意味着舍弃世间的快乐。但是,这点适合现代人的口味吗?或者说,在世间快乐与尘世享受已成为现代人难以离舍的生活方式的时候,佛教的这种要求放弃世间快乐而回归精神幸福的做法,果真能打动世人吗?

在这种情况下,一种社会乌托邦思想出场了。与老庄以及佛教对

---

① 慧能:《坛经》。
② 同上。

于文明可能危及人类幸福的悲观看法不同,社会乌托邦对人类文明的发展及其前景抱有一种乐观主义的态度。它认为近代以来在幸福问题上出现的种种"文明的悖论"与其说是由人类文明带来的,毋宁说是人类文明尚未完成所导致的。照这种社会乌托邦的解释,迄今为止人类之所以未能享有真正的幸福,乃由于现存的人类文明有其局限性,而这种文明的局限性并非人类文明的本质,乃人类文明在其发展过程中有其不得不然;但随着人类文明的发展,人类文明本身会将其局限性加以避免或消除。作为社会改造的乌托邦,它有激进与渐进之分。激进的社会乌托邦视社会生产力为实现人类福祉的革命性因素,认为幸福之没有实现,乃现存的生产关系对生产力的束缚所致。因此,它认为要实现人间幸福,就必须进行变革生产关系的社会革命;只要建立起适应社会生产力发展的新型社会制度,冀盼千年的人间天堂就会来临。相比之下,渐进式的社会乌托邦的社会改造方案则要温和得多,它认为任何社会改造工程都是一个"渐进"的过程。因此,与其说诉诸于打破现存社会制度的社会革命,不如说对现存的社会制度加以改良与修正,以使它能在良性的轨道上运行。因此,与其说它强调社会制度的变革,不如说它更注重对于社会中暴露出来的具体问题的解决。也就是说,它不相信只要经过制度的变革就会实现人间福祉,而只相信运用理性以及科学技术来减少人间的灾难与增加社会的幸福。可以看到,尽管在社会改造的策略与方式方法上有重点上的不同,注重人间幸福与提高社会的物质性幸福,却是这两种社会乌托邦的共同之处。

应当说,作为一种社会理论,社会乌托邦有其合理之处,它对于人类物质性幸福的重视,亦无厚非之处。然而,作为一种幸福理论,社会乌托邦存在着根本失误。这是因为,社会乌托邦将追求幸福的重点置于人类物质生活改善的基础之上。然而,物质生活的提高仅仅可以视之为人类之谋求幸福的外部性社会环境以及条件,它本身并非就是终极的人类幸福。故社会乌托邦对人类物质生活的重视,实寓藏着将作为实现幸福之物质与社会条件之满足取代幸福的危险。就幸福观而言,它与功利主义的快乐论的幸福观并无本质上的区别。

二、从痛苦到悲悯

无论对于人类文明的发展持悲观或者乐观的态度与否,以上几种医治人类文明病的药方,都犯了一个致命的错误,即认为幸福与痛苦从根本上是冲突的,因此,为了获得幸福,就必得考虑如何去消除人类的痛苦。不同的是:老庄与禅宗将痛苦的根源归结为人类的种种物质性欲望,认为消除了人类对于物质性欲望的依赖,就可以根除人类的痛苦而达到幸福。而社会乌托邦则认为人类痛苦之产生乃由于人类的种种欲望未能完全满足所导致,因此,消除痛苦而走向幸福之路就是如何去使人类的种种欲望得到满足。然而,事情果真如此吗?否!从前面的论述可以看到,人类之痛苦源自于人有肉身,它包括外缘性痛苦与内缘性痛苦。这两种痛苦均源自于作为个体的人自身,而与人的外部生活状态无关。因此,要实现个体人的幸福,既非是去克服人类的种种欲望,更非是去满足人类的种种欲望,而应当是如何直面作为个体的人本身,也就是要如何去直面痛苦。痛苦,源自于个体人的存在,人类要追求幸福,并非要人去消除痛苦,而是直面痛苦与承担痛苦。

所谓直面痛苦,首先是正视痛苦乃个体在追求幸福过程中无可逃避之事实。换言之,痛苦源自于个体追求幸福这一事实。因此,大凡不放弃对于幸福之追求的个体,必然要面临痛苦。在此点上,痛苦对于幸福的意义在于:是痛苦使人产生生命的高贵意识,因此,即使个体在它生命的途中追求不到幸福,仍然可以享受到生命的尊贵与庄重。其次,痛苦对于幸福的意义还在于:假如个体是由于经历过痛苦才获得幸福,这幸福于他来说,就不仅仅是外来的恩赐,而成为个体生命本身的组成部分。换言之,是痛苦才使幸福成为个体的人格组成部分。也可以说,大凡经历过痛苦的人,才能理解并配享生命中真正的幸福。再次,痛苦与幸福是个体生命的一体两面,正因为个体经历与体会过痛苦,因此,幸福的体验对于个体来说才成为幸福体验。否则,对于一个从未体验过痛苦的个体来说,幸福之降临于他身边,他也未必感受到幸福。换言之,幸福必通过痛苦体验之对比才成为幸福。

以上所论,仅仅是问题之一个方面,即痛苦对于幸福之意义。但是,痛苦毕竟是痛苦,它并非是幸福本身。尽管意识到痛苦是个体在追求幸福过程中无法摆脱的事实,个体依然在感受痛苦。然而,个体之能否从痛苦中超拔出来享受幸福,换言之,个体经历的痛苦能否转化为幸福呢?或者说,人究竟能否在感受到痛苦之后,不再停留于痛苦,而能去体验幸福,也即让痛苦不仅仅只是痛苦,而成为幸福之实现的一种过程或内容,甚至成为幸福之实现的必不可少的一笔精神馈赠呢?假如可能的话,那么,我们的问题就将不仅仅是直面痛苦,而是超越痛苦。问题是:这可能吗?

在这方面,佛教大乘关于"转识成智"的说法对于问题的解决颇富于启迪。"转识成智"者,即将对于现象界的经验认识与知识转化为生命的智慧——幸福本身。按照佛教,现象界的知识教我们认识到"一切皆苦"。换言之,人作为现象界之偶然出现的生命现象,本身就与痛苦相伴随。然而,认识到这现象界之真相,根据大乘佛学的智慧,个体生命却仍然可以通过"转识成智"而进入"涅槃"的幸福境界。这究竟是如何可能的呢?在这点上,大乘佛教提倡"悲智双修"。换言之,生命的智慧从来是与个体对生命的悲悯之情联系在一起的。因此,能否转识成智的关键,其实就是能否以一种悲悯之心或悲悯之情来看待与感受个体生命中的痛苦这一事实。

其实,大凡真正之配享幸福之个体,都本然地具有一种对于宇宙生命的悲悯之心或悲悯之情。只不过在平常,当我们没有感受到切身或切己之痛苦的时候,这种悲悯之心不易被我们所觉察,或者未曾加以显露而已。然而,当个体在追求幸福的过程中亲历或亲身感受到痛苦时,这种悲悯之心才会被唤醒。这是因为,由于亲历过痛苦,他才对痛苦有一种切肤之痛。这种切肤之痛假如不亲历过,他是难以体验的。而他又知道,这种痛苦是他在追求幸福的过程中,必然会遭遇到的。但由于他对幸福追求的执著,他不会放弃这种幸福的追求,因此,对于其他去追求幸福而遭遇痛苦的人,他就会有共感,即知道除了他之外,其他与他一样的个体,当去追求幸福的时候,同样也会遭遇这种痛苦。由于痛之深,他对于其他同样遭遇到此种痛苦的个体,会产生一种"悲悯"。所谓悲悯,是指人因为自己感受到痛苦,从而对遭遇到此种痛苦的他人也会产生的一种同情,并且希望帮助他们去摆脱此种痛苦。故悲悯之心来自于追求幸福的个体遭遇到痛苦之后,也能去感受与体验其他生命个体的痛苦的"共通感"。乌纳穆诺说:"我们怜悯那些像我们的事物,并且我们越是清晰意识到彼此间的相似,我们的怜悯也越多。如果我们可以说是这一份相像引动我们的怜悯,那么,我们也可以承认:由于我们无尽藏的怜悯——即是热切想在每一件事物上拓展我们自己,使得我们发现事物跟我们的相像,而且在受苦中以共通的情感相互连结。"①

悲悯作为个体人的一种人类同情心或共通感,不仅仅是个体的情绪与心理活动,它还表现,而且必然表现为个体的意志行为,这就是爱。悲悯本来是悲悯,它怎么会成为一种人类共同的爱呢?这其中之心理机制如何?乌纳穆诺说:"以精神相爱即是怜悯,并且怜悯愈深,爱就愈深。人对于邻人所引发的慈善火花,乃是因为触及到他们的悲苦、他们的虚饰(表相)、与他们的空无的最深处,并因而把新张开的眼睛投注到他们的伙伴,看到他们也是同样悲愁、虚饰、注定一无所有,

---

① 乌纳穆纳诺:《生命的悲剧意识》,上海:上海文学杂志社,1986年,第85页。

因而怜悯他们,爱他们。"①这段话解释了为什么悲悯会产生人的同类之爱,此乃因为个体通过他自己的痛苦体验,反观他人,知道他人也会遭遇到同样的不幸与痛苦,因而去怜悯他人。所以,乌纳穆诺得出结论:"因此,怜悯是人类精神爱的本质,是爱自觉其所以爱的本质,并且使之脱离动物的、而成为理性的人的爱的本质。爱就是怜悯,并且,爱越深,怜悯也越深。"②看来,真正的爱不是别的,乃是由人类的这种天生而具有的怜悯之心所产生出来的。怜悯之心虽然为人类所天生具有,但要它产生或呈现出来,需通过痛苦。正是个体在追求幸福的过程中体验到深刻的痛苦,他才知道或体会到对他人的精神之爱。或者说,精神爱是以经历痛苦之产生才得以激发出来的。

由此,我们理解了痛苦对于人类的精神爱之意义。人的这种精神爱不仅及于他人,而且普及于他物,乃至于世界上一切存在者。故而,由怜悯所产生的爱是普遍于世界乃至于宇宙万物的泛爱。在这里,怜悯之爱与经过幸福所体验的仁爱相遇了,即都达到了对于世界及宇宙本体的"一即一切,一切即一"的理解,而这种对于世界"即一即一切"的理解与体验,却是通过悲悯而达到的,而非以审美的方式完成的。对于审美来说,世界之一即一切或一切即一,是在审美的观照与审美体验的愉悦中完成的;这种一即一切或一切即一,是在审美状态中的天人合一,是一与一切的和谐与统一。而悲悯的精神爱之完成,是经历过一与一切之冲突与无法调解之深刻痛苦体验之后,一与一切达成的新的和解。这种和解与其说是天人合一式的,不如说是超天人合一的。也就是说,对于悲悯之爱来说,本然之世界应当是一与一切之统一,但作为现象之世界却难以实现这种一与一切之统一,那么,就让处于现象世界中之我们,在痛苦中承认并且承担起这种世界与宇宙之悲剧性存在之命运吧;而我们作为宇宙之中的个体,也与宇宙同样,接受

---

① 乌纳穆纳诺:《生命的悲剧意识》,上海:上海文学杂志社,1986年,第80页。
② 同上书,第81页。

这种造物主安排的悲剧命运:既然我们每个个体与他人,包括宇宙万物,甚至宇宙本身,都处于这种悲剧性之处境之中,那么,就让我们同悲苦,共同承担此无法逃离的悲苦命运吧。正是在这种共同承担悲苦命运的过程中,我们才与他人,以及万物结成了一种精神之爱。

三、爱之信

值得注意的是:虽然我们个体的人都有这种天然的怜悯之心,但这种怜悯之心能否转化为对他人与世界的爱,这当中除了须经过痛苦这道地狱之门的考验之外,还同我们每个人的主体状况相关。也就是说,同样有怜悯之心,同样在追求幸福的过程中经历痛苦,但有人产生了悲悯之爱,有人则没能呈现出悲悯之爱。这说明悲悯之爱之能否呈现,还决定于个体的另一种心灵机能,这就是信。

所谓信,是相信通过悲悯之爱,我们个体能够完成自己。也就是说,在未能体现出悲悯之爱的时候,我们每个人还不是作为人之个体,而只有将这份悲悯之心以爱的方式表现出来的时候,我们才成为人自己。为何如此?这不是一个经验证明的问题,也不是一个理性思辨的问题,而是信念的问题。人只有确立了这种悲悯之爱的信念,才会去尝试与践行一种悲悯之爱。也就是说,悲悯之心人皆有之,而悲悯之爱则取决于我们对悲悯之爱的信的能力。

那么,悲悯之爱要求我们信什么? 不是信某个最高存在者的指令要求我们去做什么,或者爱什么,而是相信通过悲悯之爱,我们每个个体会获得幸福。也就是说,相信上面所说的通过悲悯之爱,我们个体与世界万物会重新结成一切即一的关系。而这种一切即一的关系之完成,也使我们个体获得了幸福的体验。这种幸福的体验不同于如同幸福之审美体验那样的经验幸福或先验幸福,而是一种超越了经验与先验的超验幸福。

个体对这种超验幸福的体验具有神秘性。对于不确立信的个体或者缺乏信的能力的个体来说,它是虚幻的或虚假的;而对于确立了悲悯之爱的信念的个体来说,它不仅存在,而且这种幸福的体验获得的精神快感是无与伦比的。这种精神的幸福已远远超出了审美的幸福体验,因为它是超肉体的。或者说,对于超验幸福来说,与其说是个体的肉体在体验幸福,不如说个体的肉体只是作为精神幸福之"容器"在接纳来自于超验世界的精神幸福。就精神幸福而言,最高义的,或者说第一义的幸福,其实是超验幸福。既然如此,超验幸福已超出了个体的经验体验能力,与其说它是肉体的幸福,不如说它是对于肉体体验的幸福的超越。如何来理解这种超越了肉体体验之幸福的超验幸福呢?它与我们前面所说的个体性的幸福有何区别呢?假如我们所谈论的现象界中的精神幸福是指"一即一切,一切即一"的精神体验的话,那么,这种精神性的体验是对现象界而言,即"一"指本体,"一切"指现象界的这这那那。既然有现象界的这这那那,这说明世间的幸福并非是超验的,而是不脱离现象界的经验幸福。然而,当个体以悲悯之心来体验痛苦的时候,他作为个体已经脱离了肉体,而是以自由的心灵与精神去与那作为终极本体的世界相遇,而这终极本体即是"一"。故而,对于由悲悯所产生的幸福来说,此种幸福完全是一种与最高存在者之"一"合一的纯粹精神性幸福。或者说,对于经由悲悯而来的幸福来说,现象界的"一切"皆已消失。假如说这"一切"还存在的话,它也完全成为一种精神性的存在概念,相当于佛教所说的"假有",而唯有那作为终极存在的"一"仍然真实。

乌纳穆诺描写这种由悲悯之爱而达到的"幸福"体验时说:"此处所表现的是一种没有形式的群体,它是以一种动物的形式出现;同时,也不可能去区分它的成员。我所看到的只是两只眼睛,两只以人性的眼睛而瞪着我的眼睛,那是来自于亲切的友辈的眼神,它渴求怜悯;同时,我也听到它的气息。我得到的结论是:在这没有形式(形状)的群体当中,亦然有个意识的存在。在同样的情境下,充满星子的苍穹以超人性的、神性的眼神下望着信仰者,它的眼神渴慕着最高的怜悯与最高的爱,同时在澄澈宁静的夜晚,他听到了上帝的气息,而且上帝在他的心灵底处抚慰着他,向他显灵。这就是实存的、蒙苦受难的、可亲爱的、并且祈望爱的'宇宙'。"①可见,在悲悯之爱的眼里,世间的一切包括人之个体作为"形式"都已消失,而化为那悲悯的双眼,在这双眼中,作为最高存在之真实的"一"(乌纳穆诺指的是"上帝")才得以朗现。同样是乌纳穆诺,他在强调这种悲悯之爱在成就超验的精神之幸福中的作用时说:"到底是因为事物中所具有的美与永恒而唤醒、激发我们对于它们的爱,或者是由于我们对事物的爱而使我们发觉事物所具有的美与永恒?难道说美不是爱的一项产物?而在同样的情况同样的意义上,可感觉的世界不就是保存本能的一项创造,而超感觉的世界不就是永存本能的创造物?难道说,美,以及随之而来的永恒,不就是爱的一项创造吗?"②"慈悲,它将所爱的每一件事情都加以永恒化,并且在它带给我们善意的时候,它照亮了隐而不显的美,它得以在上帝的爱、或者是迎向上帝的慈悲、或者是在对上帝的悲悯里寻得它的根源。爱、悲悯,将每一件事情都加以人格化;同时在发现每一件事情所具的苦难、在将每一件事情人格化的过程当中,爱或悲悯也同样把'宇宙'人格化——因为'宇宙'也同样受苦蒙难——同样它向我们展现了上帝的存在。而上帝之所以能够启现,主要是因为它受苦,也因为我们受苦;因为它受苦,所以它需要我们的爱,而因为我们也受苦,所以它给予我们它的爱,同时它以永恒的无限的至极悲痛遮掩抚慰我们的悲痛。"③因此,在经历了痛苦之后,我们作为个体追求幸福的历程是否可以作这样的理解:我们始于追求个体的幸福,却通过痛苦的体验而达到超验的幸福。

---

① 乌纳穆诺:《生命的悲剧意识》,上海:上海文学杂志社,1986年,第101—102页。
② 同上书,第109页。
③ 同上书,第110页。

即便如此,如何理解对悲悯之爱的"信"呢?这种信,不是简单地认为我相信就可以达到的信。也不是仅仅通过行动就可以证明的信。悲悯之爱的信不仅仅是信念的信,也不止于是体现于行为实践的信,它还是一种具有前验的信。所谓前验的信,也就是"相信我们不曾见过的事物",人为什么能去相信他不曾见过或经验过的事物?这是因为生活于现象界的人具有个体与生俱来的"有限性";而且他终其一生的经历也始终无法突破这种有限性。在这种情况下,唯有信念成为他行为的指引,在追求幸福的路途上,尤其当他面对痛苦的时候,尤其如此。因为追求幸福本来并不希望遭逢痛苦,但他却不得不与痛苦相伴。痛苦成为他追求幸福无法摆脱的命运。因此,当有限的现象界经验知识无法对此种现象予以解释时,他唯有寄托于信。信不是迷茫之中产生的"迷信",相反,是对追求幸福之执著而后产生的一种信念。这种信念也就是一种类似于"命定论"那样的信。这样看来,我们是否信,不仅看我们的言行,还看我们的行为之后果,而这种后果在某种意义上说又是前定的。这种悲悯之爱的前定论,也正是某种教义,比如说基督教的"选民前定论"或"预定论"产生的根源。

说到这里,我们发现悲悯之信与宗教的信念的确非常接近。事实上,宗教不仅讲"信",而且对痛苦以及世间之"业"的看法也与我们这里所说的"悲悯之心"十分相似,即教人如何将痛苦转化为对于人类乃至于世界之博爱,故这里我们也可以将由悲悯之心而来的幸福称之为"宗教性幸福"。这里的宗教性幸福并非指只有皈依某种宗教才可以获得的幸福,而是指具有"宗教情怀"者的幸福。宗教情怀乃博爱之情怀,而这种博爱情怀是悲悯之心通过对痛苦的认识与体验得来的。在这点上说,任何宗教所提倡的幸福都是宗教性幸福,而不皈依现存某种宗教,但只要有悲悯之心的个体,也配享有宗教性幸福。而这里还要指出的是:由于现存宗教提倡的幸福都是从某种宗教教义或者宗教信仰出发,只有加入某种特定的"精神团契"才容易感受或体验到宗教幸福,而且这种幸福体验的内容与范围也往往会受教义的限制,而此处的宗教性幸福则超出了某种特定的宗教信仰者的范围,它不仅囊括的个体范围更广,就对幸福体验的内容与方式来说,却也是更为个体性与多样化的。

第四节　结语:幸福的星空

一、古典幸福之仰望与现代幸福之多元

行文至此,现在是对本书的主题加以概括与作最后总结的时候了。首先,细心的读者会发现:本书具有很强的"本质主义"的味道,即将幸福视为一种"理念",并且作为一个形而上学问题提出来加以探究。这在已经进入多元文化,而且形而上学已从哲学中退隐的时代,未免显得"不合时宜"。然而,本书的作者仍然坚持这样一种信念与理想:正因为今天我们已处于一个"意义消解"、价值趋于解体的时代,因此,在幸福问题上,重提一种古典主义的幸福观,并且从形而上学的角度对幸福加以反省才有其必要。这里,涉及到所谓"合时宜"与否的理解。通常人们认为凡符合"时代潮流"的,即是"合时宜"的;否则即是"不合时宜"。其实,这是对于"时宜"的极大误会与曲解。时宜者,得时之适宜者也,这里的"时",并非时代潮流的时之意,而是指在任何时候与情况下,行为与活动都要符合"中"的要求,此也即中国古人所谓"时中"之义。从这种意义上说,在今天后现代主义盛行、种种关于幸福的理解已偏离了古典时代之幸福观的时候,重提古典时代的幸福理想,乃得今天之时宜,实乃针对当今以快乐代替幸福之不合时宜的潮流而言,它颇有"拨乱反正",使关于个体的幸福理论返归其"正"的味道。

然而,重提古典时代之幸福观,并不意味着与现时的人类文明相背离。由柏拉图所开创的强调幸福之理念,以及亚里士多德关于将经验幸福与超验幸福相结合起来的幸福观,在古典时代曾经是一种幸

理想。这种古典主义的幸福观由于具有一元论的价值取向,到后来,尤其是在近现代招致强烈质疑。因为近现代社会是一个价值多元的时代,随着对于价值多元的肯定与
提倡,古典主义的幸福观也应当"与时俱进",以适合已经变化了的社会环境。所谓与时俱进,并非是要将古典主义的幸福理想加以改变,这样的话,它将不再是古典主义的幸福观念,而是说要将古典主义的幸福观念在当今日益世俗化与多元化的社会环境下重新加以调整与定位。这就是一方面,古典主义的幸福观应当尽可能容纳与吸收世俗化与多元化的幸福内容;另一方面,更重要的是,要将古典主义的幸福观视之为当今多元幸福观念中的一种"理想范型",并与其他不同类型的幸福观念进行对话。质言之,幸福观念之不同,并不妨碍不同的幸福观彼此之间的交流与对话,毋宁说正为不同幸福观之间的对话创造了前提与条件。从这种意义上说,在当今世界与社会流行各种不同幸福观念,并且彼此之间相互竞争的时代,古典主义的幸福观不仅会与多元文化以及其他的多样幸福观相并存,而且将发挥它的为其他幸福观所无法代替的重要影响与作用。

要注意的是:强调文化多元与幸福观念之多样化,并不否认人类的幸福理念的共通性。在当今社会中,无论人们对于幸福的看法如何多样与歧变,但作为人类的幸福,总会有其共通性,否则,它就不再是人类的关于幸福的观念而是其他观念。那么,如何在人类的多元性或多样化的幸福观当中,来求得其幸福理念的共通性呢?解决问题的思路似乎有两种：一种思路是"总体主义"的，即要求在各种各样的幸福观念中都体现或遵循某种定于一尊的关于幸福的原则。显然，这种要求所有幸福观都体现或遵照某种共同幸福原则的思路如果付诸实现，其结果必然是扼杀了幸福观念的多元性与多样性，或者说幸福的多元性与多样化只成为某种定于一尊的幸福观念的不同外壳与形式。这种思路，其实是独断论的幸福观念的现代版而已，其有悖于当今人类之崇尚文化多元与价值多元的潮流自不待言。因此，在当今文化多元与价值多元的时代，谋求人类的幸福理念的共通性，其解决问题的思路应当是"层次主义"的，即在肯定幸福观之多样化的前提下，厘清高度幸福与低度幸福之界限，处理好宗教性幸福与世俗性幸福之界限，对不同层次的幸福加以"划界"处理，在低度幸福与世俗幸福上达成共识，而在高度幸福与宗教性幸福方面彼此宽容。这里所谓的低度幸福，是指个体在追求幸福时所必须具有的基本物质条件与社会环境，它实际上是保障个体幸福之可以实现的诸种经济的、社会的与文化方面的要素；而高度幸福则指个体自己所追求的较为个性化与精神化的幸福内容与幸福体验。这里的世俗性幸福与宗教性幸福之区分跟低度幸福与高度幸福的区分基本相同，即世俗性幸福指普通人在日常生活中通常可以享受到的实实在在的物质享受与社会福利保障，而宗教性幸福则是较为纯粹的对于超验幸福的体验。虽然这两种不同的幸福皆为个体所需要，但对一个良性的现代社会来说，它首先应当为每个社会成员提供低度幸福与世俗幸福的保证，然后在此基础上鼓励每个个体去追求其属于自己的高度幸福与宗教性幸福。故而，所谓幸福的共同性，与其说是所在社会成员在高度幸福与宗教性幸福方面达成一致，不如说是所有个体在低度幸福与世俗性幸福方面彼此达到基本共识。从这方面说，低度幸福与世俗性幸福不仅仅是个体与个体之间的共识，而且应当是个体与社会之间达到的幸福共识。它也是社会上每一个个体以及整个社会所应当共同追求与实现的基本幸福。

总而言之,在当今这样一个多元文化并存、高度幸福与低度幸福、宗教性幸福与世俗性幸福交错杂陈的时代,人们理应在低度幸福与世俗性幸福上达到共识,而在高度幸福与宗教性幸福方面彼此宽容。其所以如此,是因为低度幸福与世俗性幸福为社会上大多数所需要,而且是一个社会实现和谐稳定与可持续发展的基本社会"软件"。假如在低度幸福与世俗性幸福方面,社会上大多数成员达不到共识的话,那么,这个社会将会出现精神性与价值性的危机,这必将危及社会的发展甚至生存。因此,从社会的和谐与稳定的要求出发,当今多元文化的社会必须在低度幸福与世俗性幸福方面达成基本共识,并且为此建立制度的、机构的与政策的保障。

然而,除了在低度幸福与世俗性幸福方面达到共识之外,当今社会还需要容许与鼓励在高度幸福与宗教性幸福方面的多样性与多元化。这是因为,人作为个体不仅仅以社会成员之个体的形式出现,而且是精神性存在的个体。由于是精神性的个体,不同的人在精神方面存在着极大的差异。而个体对于幸福的追求,也必须反映与展示出这些精神性的差异。一个社会愈是文明与进步,它就愈会容纳个体的精神性差异,而且愈会鼓励与培育个体在精神方面的差异。从这方面说,高度幸福与宗教性幸福之多元化与多样性,体现了当今时代的要求,应当成为现代人类社会所追求的幸福目标。总之,在当今社会,古典时代的精英幸福与宗教幸福独享一尊的时代已一去不复返了,一个良性社会所追求的幸福应当是"多元共体"。所谓多元,是指社会应当鼓励每个个体成员按照自己的愿望去追求各自的高度幸福与宗教性幸福。所谓共体,是指每个个体追求高度幸福与宗教性幸福都具有的切实来自于社会的基本的物质的、文化的以及制度方面的共同保障,并在这方面形成社会的共识。总之,所谓多元共体的幸福观,就是在一个社会中,对高度幸福与宗教幸福的理解与追求应当多元,而低度幸福与世俗幸福则应当普适于及普遍于社会中每一个个体。

从这里可以看到：将社会幸福划分为低度幸福与高度幸福、世俗化幸福与宗教性幸福，其意并非是说社会上有些人应当去追求高度幸福与宗教性幸福，而大多数人只适合去追求低度幸福与世俗性幸福，而是说对于一个健全的现代社会来说，理应将低度幸福与高度幸福、世俗幸福与宗教幸福作划界处理，不能要求所有社会成员都去追求某种千篇一律的高度幸福与宗教性幸福。然而，这不等于说我们每个人作为独特的生命与精神个体，应当放弃对高度幸福与宗教性幸福的追求。人作为精神性的独特个体，在任何时候与任何环境当中，都应当不放弃其对于精神性幸福的追求，并且应当去追求高度性的幸福。这是作为个体的人之权利，也是其个体生命的独特意义之所在。从这种意义上说，每个个体都应当去追求那高度幸福与低度幸福、宗教性幸福与世俗性幸福的统一。在当今，人类社会已进入一个文化多元与价值多元的时代，这个问题较之以往任何时候都显得更为突出，也是一个更迫切需要解决的问题。这方面，亚里士多德将幸福定义为"幸福就是合乎德性的现实活动"，并且提出幸福同时包含着"沉思的生活"与"伦理德性的生活"，这一看法不仅没有过时，而且指出了一条很好地解决低度幸福与高度幸福合一、世俗性幸福与宗教性幸福合一的途径，这也是本书对幸福问题的考察要以古典主义为据的原因。因此，本书突出精神性幸福的意义，同时也对幸福的世俗生活内容加以分类与分层的研究，而尤其重视通过个体精神人格的建立将这两种不同幸福加以结合的路径分析。要言之，如何将亚里士多德这一古典主义的幸福观加以继承并且予以深化，以适应当今多元文化与多元价值并存的时代变化，自始至终是本书要思考与阐述的主题。

二、"归去，也无风雨也无晴"

对幸福的追求，与其说是一个理论问题，不如说是个体的生命实践问题；与其说是个体的生命实践问题，不如说是个体生命在其呈现过程中"自我实现"的问题。从这点上说,个体生命的意义在其追求幸福的过程中才可得以认识。有的人终其一生浑浑噩噩地活,从没思考过人的一生该如何度过。这些人在日常性的世界中虽然可能活得潇洒和快乐,但在苏格拉底看来,这种"不经过反省的人生是不值得过的人生"。我们的看法虽不必如苏格拉底所说的那么极端,但苏格拉底主张要对人生反省却是对的。所谓反省人生,最根本的,就是反省个体对于幸福的理解。因为每个个体生而就有追求幸福的冲动,不是追求这种幸福,就是追求那种幸福。既然人一生都在追求幸福,我们怎么能对幸福不加以追问与认识呢?

然而,一旦去追究幸福,却会发现:我们陷入了思想的"泥潭"。本来,假如不去追问这个问题,从常识的角度,我们可能会知道幸福是什么。在这种意义上,我们可以将快乐等同于幸福。那么,我们这里为什么非要把幸福与快乐区分开来(不是截然对立),认为快乐不等于幸福,而要对幸福本身加以追问呢?这是由本书反复阐明的一个基本观点所决定的,即强调幸福是个体的"精神性事件"。这里的所谓"精神性",以个体对生命存在的理解与反思作为前提。因此,能否对自身的生命存在作理性的反思与思考这点上,可以将幸福与快乐区分开来。换言之,单纯的由感官带来的快乐是任何动物都具有的,它不属于具有精神性的人之个体的特权。而只有人,作为具有精神性的人,才会将世界上的一切,包括个体的生命活动,进行理性的思考与反思;其对幸福或者说"快乐"的理解与体验才是如此。从这种意义上说,"人是X",或者说"人是未完成的动物"。所谓"人是 X",是说当人还未有着眼于从精神性方面来思考与反省幸福问题的时候,他还没有"成为"人,而是人之外的其他东西或其他生命体;但由于人包含着思考幸福与体验幸福的潜在的可能性,故人不是固定的某物,而是"X",包含着成为"人"的可能性。所谓说"人是未完成的动物"也是这个意思,即强调幸福是人的本己属性,其他动物是"已完成"的,不会去追求幸福;

而唯有人具有追求幸福的可能性,故他是"未完成"的,假如他去追求幸福,就成为"完成了的人"。

以上这样说,似乎显得过于"玄虚",甚至有故意"绕弯子"的味道。其实,这是不得不然。这是因为,一方面,作为个体的人,他生而有追求幸福的权利与使命,但一旦他真的去追求,却发现难以追求到他心目中的幸福;甚至于他会发现他对于"幸福"究竟是什么样竟是"一无所知"。这点并不重要,重要的是作为个体的人,他终于显示了他的具有"精神性"的一面。而所谓精神性,就是人对于幸福的向往与追求。故幸福不是其他,实乃个体的人的精神性之呈现。说到这里,有人会提问:人为什么非得有"精神性"呢?为什么非得将精神性与幸福挂在一起呢?人没有精神性不是一样能好好地活么?人的精神性不是也可以有其他的表现,而不必非表现为对于幸福的追求么?于此,我们只能用一个比喻性的说法:个体对于幸福的追求,好比是个体生命中的"神灯"。只要作为人而活的话,任何个体人的生命都需要精神性的照明。精神性的光照可以有多种,但唯有幸福这盏神灯,它的光照最为耀眼,而且人生的其他精神性光辉都被它所笼罩,这也是本书所想要阐明的。因此,谈人的精神性的呈现,其对幸福的向往与追求是一个主要方面。

问题在于:人的个体生命是否真的离不开"光照",是否真个需要"幸福"的照明?这是一个不能问,问了也无从解答的问题。这就等于问这样的一个问题:人为什么需要"活"?这个问题看似简单,其实难以深究。因为人要

活是一种生命的本能。但活着又是"为了"什么呢？尽管每个人活着会有一些具体的生活目标，表面上看，人活着好像就是为了去实现这些人生目标似的。但仔细追究下去，这些人生目标只是实现他活的外观现象与表面形式。他作为个体生命的唯一目的，就是要让这个个体生命得以持续下去。因此，所谓活下去，就是让生命持续。看来，幸福也是如此，个体之需要幸福，就是为了让个体生命得以持续下去。但作为精神性的存在，个体之追求幸福还不只是肉体生命的简单持续，他还要通过对幸福的追求而使生命的"精神"得以发亮地持续。所谓幸福是生命的神灯，就是在这种意义上说的。

虽然，在现实世界中，并非每个人都会为追求幸福这精神性的神灯而活。作为生命个体，它们一样会存在，跟其他动物或世上其他事物没在两样地存在着。但从缺乏精神性的向度来看，他们只能是无真实的人之生命的"躯体"。反过来说，唯有这种具有精神性追求与向往的人之个体，才代表人作为人之个体的真实。这就是为什么说作为个体的人会要去追求幸福的道理。

迄今为止，我们都是从个体这个角度来谈论幸福对于人之生命的意义。其实，人作为个体，是一种相当独特的个体。这种个体的出现，是宇宙中的奇迹。在人之个体出现之前，茫茫宇宙之中也有各式各样的个体与生命存在，但它们作为个体之存在不同于人之个体，在于它们不是作为精神存在者而存在。只有人，只有人出现之后，宇宙中才出现了具有精神性的个体，人的这种精神性的存在表现在他对幸福的追求与向往。因之，人之个体追求幸福，不仅仅对于人之个体来说具有意义，而且对于整个宇宙或者说"世界"来说具有全新的意义：在人之个体出现之前，宇宙中尽管也有众多的生命个体，但它们缺乏精神；或者说，作为个体，它们的生命无法被精神所照明。而唯有人，具有精神性的人之个体，由于追求与向往幸福，才使人之个体焕发出其精神性的光辉。而由于人之个体焕发出这种精神性的光辉，茫茫宇宙不再是"一团漆黑"，而出现了众多的星辰。因此,对于人之追求幸福的意义,还需要引入"宇宙人"或"太空人"的概念,才能够发现其对于宇宙生命的意义。

所谓宇宙人或太空人,是说我们每个人作为生命个体,都是那广袤无边的宇宙苍穹中微小的星星,星星虽然微小,但它却在天空中闪亮,这是因为它有精神的神灯。幸福观是个体心目中的神灯,是它把我们个体的生命照亮,并且给我们生命加以导航。假如没有这盏神灯,我们每个个体生命虽然在活动,但无法发出生命的"亮光"。而个体一旦有幸福观的照耀,就犹如那天空中星辰的闪耀一样。你看!那宇宙之苍穹中有那么多繁星,正是由这些毫无足道的渺小生命个体所组成。它们有的发亮,有的不发亮,有的异常闪耀,有的不那么耀眼。然而,无论发亮与否,耀眼与否,正是有如此之多的个体生命参与了这追求与体验幸福的生命大合唱,茫茫宇宙中才出现了发光的银河系,出现了无数个的天体恒星、无穷多个的行星。

因此,假如你是在早晨打开此书,相信你阅读完本书以后,时光已在黄昏以后,这时,你就静等着黑夜的来临。假如你还有一幅好心情,那么,你再来观看一番夜景吧。这时候,只要你抬头仰望天空,你会看到太空中之繁星闪耀:此乃宇宙之奇观与苍穹之美丽。仰望浩瀚天际,你只能惊叹个体之渺小与宇宙苍穹之伟大。要知道,在那无限深远的夜幕中,还掩藏着追求与探索过幸福之秘密的无数个体,它们作为人之个体的肉体业已消失,它们曾经的思考与业力或也已烟消云散,然而,它们毕竟探索过、追求过。所以,你才从这宇宙之苍穹中看出不少人类的秘密。岁月流逝,斗换星移,无数个体人的思考与承担没有消逝,仍然进行,这就是那天幕上还在闪烁的星星。要知道,这些星星之所以闪耀,其中有一些尤其显得明亮,是因为它们都在进行幸福的思考与创造性活动。因此说,星星之所以发亮,是因为它们在追求与向往幸福。

那么,抓紧你这在世的有限时光与机会,多看看星星吧!有朝一日,你也会加入到这宇宙苍穹之中,成为那耀眼繁星中的一颗。